Agrivoltaik

Eine nachhaltige Integration von Photovoltaik und Landwirtschaft

Giuseppe Saturno

An alle, die an Innovation und Nachhaltigkeit glauben.

Diese Widmung ist für Sie, Pioniere des Wandels und Hüter der Erde. In der Welt, in der wir leben und in der saubere Energie und nachhaltige Landwirtschaft unabdingbar geworden sind, sind Sie diejenigen, die neue Wege beschreiten.

INHALTE

Giuseppe Saturno ist ein leidenschaftlicher Experte für Permakultur und erneuerbare Energien, der sich mit Leidenschaft für eine gerechte und bessere Welt einsetzt.

Mit mehr als 15 Jahren Erfahrung auf dem Gebiet der Permakultur hat er tiefgreifende Fähigkeiten und Kenntnisse zur Förderung nachhaltiger Anbausysteme und ökologischer Designpraktiken entwickelt. Schon in jungen Jahren zeigte er ein starkes Interesse an der Umwelt und der Nachhaltigkeit.

Nach Abschluss seines Studiums der Permakultur widmete er sein Leben der Verbreitung des Bewusstseins für die Vorteile eines integrierten Ansatzes für Umweltdesign und Landwirtschaft. Seine Ausbildung hat ihm eine solide theoretische und praktische Grundlage für die Schaffung nachhaltiger Lösungen verschafft, die das Leben der Menschen verbessern und die natürlichen Ressourcen erhalten.

Neben seiner Spezialisierung auf Permakultur hat er sich zu einem Experten auf dem Gebiet der erneuerbaren Energien entwickelt. Seine Leidenschaft für den Schutz der Umwelt hat ihn dazu gebracht, nachhaltige Energielösungen zu erforschen und anzuwenden. Durch seine Erfahrung hat er ein umfassendes Fachwissen in der Planung, Installation und Verwaltung von Photovoltaikanlagen, Windenergiesystemen und anderen sauberen Energietechnologien erworben.

Was ihn auszeichnet, ist seine vielleicht utopische Vision von einer gerechten Welt. Er ist ein begeisterter Träumer, der fest daran glaubt, dass jeder Einzelne etwas für den Aufbau einer nachhaltigeren Gesellschaft tun kann. Sein Engagement und seine Leidenschaft haben ihn dazu gebracht, sein Wissen weiterzugeben und andere dazu zu inspirieren, konkrete Maßnahmen zu ergreifen, um die Umwelt zu erhalten und eine bessere Zukunft für alle zu schaffen. Neben seiner praktischen Arbeit ist Giuseppe auch ein beliebter Redner. Er hat bereits mehrere Konferenzen und Workshops zu Themen wie Permakultur, erneuerbare Energien und Nachhaltigkeit im Allgemeinen abgehalten, um seine Vision zu verbreiten und die Menschen zu ermutigen, alle möglichen Maßnahmen zum Schutz der Umwelt zu ergreifen.

KAPITEL 1 - Einführung in die Agrivoltaik

Definition von Agrivoltaik

Agrivoltaik (auch Agro-Voltaik) ist ein Konzept, das Landwirtschaft und Photovoltaik in einer einzigen integrierten Infrastruktur vereint. Dabei wird dieselbe landwirtschaftliche Fläche für den Anbau von Pflanzen oder Bäumen genutzt und gleichzeitig eine Photovoltaik-Anlage zur Stromerzeugung installiert.

Die Agrivoltaik stellt im Wesentlichen die synergetische Integration von Landwirtschaft und Solarenergie an einem einzigen Standort dar, wobei die Solarmodule über den bewirtschafteten Feldern oder auf speziellen Strukturen wie Pergolen oder Gewächshäusern installiert werden.

Diese Kombination bietet mehrere Vorteile. Erstens kann die Beschattung durch die Sonnenkollektoren die Intensität des Sonnenlichts und die Umgebungstemperatur reduzieren und so ein günstiges Mikroklima für die Kulturen schaffen, insbesondere in Gebieten mit hoher Sonneneinstrahlung.

Die Beschattung kann auch die Wasserverdunstung aus dem Boden verringern und so zur Schonung der Wasserressourcen beitragen.

Die Agrivoltaik ermöglicht auch eine doppelte

Flächennutzung, indem sie die Nutzung der landwirtschaftlichen Flächen optimiert, ohne die Nahrungsmittelproduktion oder die Energieeffizienz zu beeinträchtigen. Die kombinierte Erzeugung von Nahrungsmitteln und Energie kann das Einkommen der Landwirte diversifizieren und so ein zusätzliches Einkommen schaffen.

Insgesamt zielt die Agrivoltaik darauf ab, ein Gleichgewicht zwischen nachhaltiger Landwirtschaft und erneuerbarer Energieerzeugung zu schaffen und so die ökologische Widerstandsfähigkeit und Ressourceneffizienz zu fördern.

Die Bedeutung von Solarenergie und nachhaltiger Landwirtschaft

Solarenergie und nachhaltige Landwirtschaft sind beide von grundlegender Bedeutung für die Zukunft unseres Planeten. Lassen Sie uns sehen, warum:

1. Solarenergie:

Erneuerbarkeit: Im Gegensatz zu fossilen Energieträgern ist die Solarenergie eine praktisch unerschöpfliche Energiequelle. Die Nutzung der Solarenergie ermöglicht es uns, die Abhängigkeit von nicht erneuerbaren Energiequellen zu verringern und die negativen Auswirkungen fossiler Brennstoffe auf die Umwelt, wie Luftverschmutzung und die Emission von Treibhausgasen, die für den Klimawandel verantwortlich sind, abzuschwächen.

Globale Zugänglichkeit: Die Sonne ist eine überall auf der Welt verfügbare Ressource, wenn auch je nach

Region in unterschiedlicher Menge. Die Nutzung dieser Energie ermöglicht es uns, dezentral Strom zu erzeugen und saubere Energie auch in ländliche oder abgelegene Gemeinden zu bringen, die nur schwer Zugang zum traditionellen Stromnetz haben.

Verringerung der Kohlenstoffemissionen: Bei der Solarenergieerzeugung werden im Gegensatz zu Kohle- oder Gaskraftwerken während des Betriebs weder CO_2 noch andere Treibhausgase ausgestoßen. Eine mittlerweile banale Aussage, die aber dazu dient, ein für alle Mal die Begriffe zu klären, die wir später diskutieren werden.

2. Nachhaltige Landwirtschaft:

Ernährungssicherheit: Eine wirklich nachhaltige Landwirtschaft wendet Praktiken an, die die Bodenfruchtbarkeit erhalten, Wasser sparen und den Einsatz von Pestiziden und synthetischen Düngemitteln reduzieren. Dies trägt dazu bei, die langfristige Produktivität der landwirtschaftlichen Flächen zu erhalten und die Ernährungssicherheit für künftige Generationen zu gewährleisten. Und nicht nur für zukünftige Generationen...

Ressourcenschonung: Diese Art der Landwirtschaft zielt darauf ab, natürliche Ressourcen wie Wasser oder menschliche Arbeitskraft effizient zu nutzen, Abfälle zu reduzieren und die Umweltauswirkungen zu minimieren. Dazu gehören effiziente Bewässerungsmethoden, Abwassermanagement und die Nutzung erneuerbarer Energiequellen für notwendige landwirtschaftliche Tätigkeiten.

Artenvielfalt und gesunde Ökosysteme: Eine nachhaltige Landwirtschaft fördert natürlich die biologische Vielfalt durch die Diversifizierung der Kulturen, die Erhaltung natürlicher Lebensräume und die Verringerung des Einsatzes schädlicher Chemikalien. Diese Maßnahmen tragen dazu bei, Ökosysteme zu erhalten, das ökologische Gleichgewicht zu bewahren und die Gesundheit von Pflanzen, Tieren und Menschen zu schützen.

Widerstandsfähigkeit gegenüber dem Klimawandel: In der nachhaltig bewirtschafteten Landwirtschaft werden nur Praktiken angewandt, die die Widerstandsfähigkeit von Nutzpflanzen und landwirtschaftlichen Ökosystemen gegenüber dem Klimawandel verbessern. Dazu gehören die Auswahl resistenter Sorten, der Einsatz von Bodenschutztechniken und die nachhaltige Bewirtschaftung von Wasserressourcen. Auf diese Weise trägt sie nicht nur dazu bei, die negativen Auswirkungen des Klimawandels auf die Landwirtschaft selbst, sondern auch auf die Gesellschaft als Ganzes abzumildern.

Zusammenfassend können wir schon jetzt feststellen, dass Solarenergie und Landwirtschaft die beiden wichtigsten Säulen für die Zukunft sind. Die Integration der Energieerzeugung in die Landwirtschaft kann zu einer effizienteren und ökologisch nachhaltigeren Nahrungsmittelproduktion führen und die Widerstandsfähigkeit der landwirtschaftlichen Gemeinschaften gegenüber dem Klimawandel verbessern.

Vorteile und Herausforderungen der Agrivoltaik

Die Agrivoltaik bietet eine Reihe von bedeutenden Vorteilen, aber auch Herausforderungen, die es noch zu bewältigen gilt. Lassen Sie uns diese näher untersuchen:

Vorteile:

Effiziente Flächennutzung: Die Agrivoltaik ermöglicht es, dieselbe Fläche für die Erzeugung von Solarenergie und für die Landwirtschaft und/oder Viehzucht zu nutzen. Diese doppelte Nutzung der Flächen maximiert die Effizienz und den Ertrag der landwirtschaftlichen Fläche und macht es überflüssig, getrennte Flächen für die Landwirtschaft und die Solarenergie bereitzustellen.

Pflanzenfreundliches Mikroklima: Die Installation von Solarmodulen spendet den darunter liegenden Pflanzen Schatten, wodurch die Intensität des Sonnenlichts und die Umgebungstemperatur reduziert werden. Dadurch entsteht ein kühleres und feuchteres Mikroklima, das das Pflanzenwachstum fördern kann, insbesondere in Regionen mit hohen Temperaturen oder Wasserknappheit.

Wassereinsparung: Photovoltaiksysteme können die Verdunstung von Wasser aus dem Boden verringern, da die Beschattung durch die Module die direkte Sonneneinstrahlung reduziert. Dies trägt zur Schonung der Wasserressourcen bei, macht die Bewässerung effizienter und verringert die für den Pflanzenanbau benötigte Wassermenge.

Diversifizierung der Einkommensquellen: Die Agrivoltaik bietet den Landwirten die Möglichkeit, zusätzliche Einkünfte zu erzielen. Neben der Produktion von Lebensmitteln oder anderen Feldfrüchten kann der Verkauf der erzeugten Solarenergie eine stabile Einkommensquelle darstellen. Diese Diversifizierung der Einkommensquellen kann die Betriebe widerstandsfähiger und wirtschaftlich nachhaltiger machen.

Verringerung der Kohlenstoffemissionen: Die Nutzung von Solarenergie in der Landwirtschaft trägt natürlich zum Übergang zu einer kohlenstoffarmen Wirtschaft bei.

...Und die Herausforderungen:

Systementwurf und -planung: Der Entwurf und die Installation einer Agrivoltaik-Anlage erfordern eine sorgfältige Planung. Es müssen verschiedene Faktoren berücksichtigt werden, z. B. die Ausrichtung der Solarmodule, die Höhe der Stützstrukturen und die Wahl der geeigneten Kulturen. Eine sorgfältige Planung ist unerlässlich, um die Vorteile von Landwirtschaft und Solarenergie zu maximieren.

Flächennutzungskonkurrenz: Die Agrivoltaik benötigt eindeutig ausreichend Platz für die Installation der Module. Dies kann zu einer Flächenkonkurrenz zwischen Landwirtschaft und Solarenergieerzeugung führen. Es muss ein Gleichgewicht zwischen den beiden Aktivitäten gefunden werden, und die Auswirkungen auf die Landwirtschaft und die Nahrungsmittelproduktion müssen sorgfältig geprüft werden.

Bewirtschaftung und Pflege der Pflanzen: Die Bewirtschaftung der Pflanzen in einer Agrivoltaik-Anlage ist immer noch eine Herausforderung. Es ist wichtig, die

Beschattung und den Zugang zum Sonnenlicht für die darunter liegenden Pflanzen sowie den Platz für die Arbeit mit ihnen zu berücksichtigen. Auch die Wartung der Solarmodule muss berücksichtigt werden, um das ordnungsgemäße Funktionieren des Systems zu gewährleisten.

Finanzielle Kosten: Die Installation einer Agrivoltaik-Anlage kann eine erhebliche Anfangsinvestition erfordern. Zu den Kosten gehören der Kauf der Solarmodule, die Stützstrukturen und die Installation des Systems. Die langfristigen Vorteile wie geringere Energiekosten und Diversifizierung des landwirtschaftlichen Einkommens wiegen diese Anfangskosten jedoch auf. Und es stimmt auch, dass man mit einer minimalen und skalierbaren Anlage beginnen und sie später erweitern kann.

Integration und Regulierung: Die Integration der Agrivoltaik in den Kontext von Politik und Regulierung kann schwierig sein. Es müssen noch klare Vorschriften und geeignete Anreize entwickelt werden, um die Einführung der Agrivoltaik zu fördern. Darüber hinaus kann eine Zusammenarbeit zwischen verschiedenen Interessengruppen, einschließlich Landwirten, Energieunternehmen und Regierungen, erforderlich sein, um die Umsetzung von groß angelegten Projekten der Agrivoltaik zu erleichtern.

Die Bewältigung dieser Herausforderungen würde eine sorgfältige Planung auf Regierungsebene, die Zusammenarbeit zwischen den Sektoren und ein langfristiges Engagement zur Entwicklung innovativer Lösungen erfordern. Trotz dieser Herausforderungen und einiger Hürden, die es zu überwinden gilt, bietet die

Agrivoltaik ein erhebliches Potenzial für die Verbindung von Landwirtschaft und Energieerzeugung.

Hinzu kommt, dass die Agrivoltaik eine **sehr neue Technik ist**, es gibt nicht viele weltweit gültige Studien und auch keine langjährigen Experten!

Wir müssen noch viel experimentieren, daher ist jede gewonnene Erfahrung wie ein zusätzlicher Baustein.

Mit diesem Buch legen wir nur die Grundlagen und versuchen, jedem die Werkzeuge an die Hand zu geben, mit denen er beginnen und seine eigenen Erfahrungen machen kann.

KAPITEL 2 - Grundlagen der Solarenergie

Grundbegriffe der Photovoltaik

Wie jeder weiß, ist Solarenergie die Energie, die aus dem Sonnenlicht gewonnen wird. Sie ist erneuerbar und kostenlos, was bedeutet, dass sie sich nicht erschöpft und nicht zur Erschöpfung der wertvollen natürlichen Ressourcen beiträgt. Diese Energie kann durch verschiedene Technologien in nutzbare Energie umgewandelt werden, z. B. durch Photovoltaik- oder Solarthermie-Paneele.

Photovoltaikmodule wandeln das Sonnenlicht mithilfe von Photovoltaikzellen in elektrische Energie um. Wenn Lichtphotonen auf die Photovoltaikzellen treffen, erzeugen sie einen Strom von Elektronen, die einen elektrischen Strom erzeugen. Dieser Strom wird für den Betrieb aller Geräte oder zur Speicherung in Batterien verwendet. Solarthermische Kollektoren hingegen absorbieren die Wärme der Sonne, um Wasser oder andere Flüssigkeiten zu erhitzen. Diese Wärme kann für häusliche Zwecke wie Raumheizung, Warmwasserbereitung oder Gewächshausheizung genutzt werden.

Solarsysteme können auf Vordächern, Gebäudedächern, Grundstücken oder anderen der Sonne ausgesetzten Flächen installiert werden. Wie bereits erwähnt, kommt es darauf an, wo Sie sich befinden. Um eine Vorstellung von der Zugänglichkeit und Intensität in Ihrem Gebiet zu bekommen, empfehle ich, bei Google nach 'PHOTOVOLTAIC GEOGRAPHICAL INFORMATION SYSTEM' zu suchen.

Lesen Sie mehr dazu:

Ein photovoltaisches Paneel, auch Solarpanel genannt, ist ein Gerät, das den photovoltaischen Effekt nutzt, um Sonnenlicht in elektrische Energie umzuwandeln. Seine Funktionsweise beruht auf den wissenschaftlichen Prinzipien der Halbleitung und des photovoltaischen Effekts.

Im Inneren eines Solarmoduls befinden sich Solarzellen aus Halbleitermaterialien, in der Regel Silizium. Diese Materialien werden so behandelt, dass eine p-n-Schicht entsteht, d. h. eine Schicht mit einer elektronenreichen Zone (n) und einer Zone mit einem Überschuss an Lücken (p). Durch diese Konfiguration entsteht ein p-n-Übergang, der für das Funktionieren von Photovoltaikzellen entscheidend ist.

Wenn Photonen des Sonnenlichts auf die photovoltaischen Zellen treffen, werden sie von den Halbleitermaterialien absorbiert. Die Energie der Photonen wird auf die Elektronen in der elektronenreichen Zone (n) übertragen und regt sie an, so dass sie die im p-n-Übergang vorhandene Energiebarriere überwinden können. Dieses Phänomen führt zu einer Ladungstrennung innerhalb der Zelle, wobei sich die Elektronen entlang des mit dem Photovoltaik-Panel verbundenen Stromkreises nach außen bewegen.

Der Elektronenfluss erzeugt einen elektrischen Strom, mit dem elektrische Geräte betrieben oder in Batterien für eine spätere Verwendung gespeichert werden können. Das Photovoltaik-Paneel kann Strom erzeugen, solange es dem Sonnenlicht ausgesetzt ist, auch wenn es nicht unbedingt direkt ist, und seine Fähigkeit, angeregte Elektronen zu erzeugen, hängt von der Intensität und Frequenz der einfallenden Photonen ab.

Um einen konstanten Stromfluss und eine angemessene Spannung zu gewährleisten, werden Photovoltaik-Paneele häufig in Reihe oder parallel geschaltet, um Module oder Arrays zu bilden. Diese Module können zu größeren Solarsystemen kombiniert werden, um den Energiebedarf eines Gebäudes oder einer Anlage zu decken. Es ist zu beachten, dass der Wirkungsgrad von Photovoltaikmodulen je nach verwendeter Technologie, den verwendeten Materialien und den Umweltbedingungen variieren kann. Laufende Entwicklungen in der Forschung und technologische Innovationen zielen darauf ab, den Wirkungsgrad und die Leistung von Photovoltaikmodulen zu verbessern und sie als nachhaltige und umweltfreundliche Energiequelle zunehmend wettbewerbsfähig zu machen.

Gängige Maßeinheiten für Solarmodule sind **Watt** (W) und **Kilowatt** (kW), die die Nennleistung des Solarmoduls angeben. Die Nennleistung gibt die Energiemenge an, die das Modul unter bestimmten Standardbedingungen für die Sonneneinstrahlung erzeugen kann.

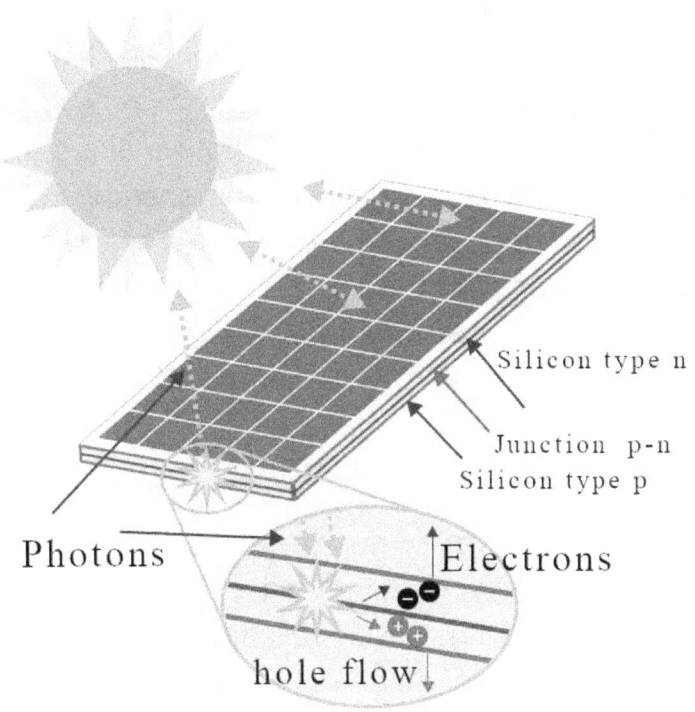

Die Speicherung der von den Solarmodulen erzeugten Energie und ihre Umwandlung in Wechselstrom (AC) sind zwei wichtige Aspekte des gesamten Solarsystems.

Energiespeicherung: Wenn Solarmodule Strom erzeugen, kann dieser sofort genutzt oder für die spätere Verwendung gespeichert werden. Die Energiespeicherung ist besonders wichtig, wenn die erzeugte Energie den unmittelbaren Bedarf übersteigt oder wenn die Sonne nicht scheint, z. B. nachts oder an bewölkten Tagen. Für die Speicherung von Solarenergie werden häufig Batterien verwendet. Der von Solarzellen erzeugte überschüssige Strom wird in Batterien gespeichert, um später bei Bedarf genutzt zu werden.

Umwandlung in Wechselstrom (AC): Die von Solarmodulen erzeugte Energie ist Gleichstrom (DC), aber die meisten Geräte und Stromnetze verwenden Wechselstrom (AC). Daher ist es notwendig, die von den Solarmodulen erzeugte Gleichstromenergie in nutzbare Wechselstromenergie umzuwandeln. Diese Umwandlung erfolgt mithilfe eines Solarwechselrichters. Der Wechselrichter wandelt die Gleichstromenergie in Wechselstrom um, so dass sie mit Geräten kompatibel ist und die Solarenergie in das Haushalts- oder öffentliche Stromnetz eingespeist werden kann.

Die Effizienz der Energiespeicherung und der Umwandlung in Wechselstrom ist ein wichtiger Aspekt, der bei der Planung und Installation eines Solarsystems zu berücksichtigen ist. Technologien zur Energiespeicherung, wie z. B. Batterien, werden in Bezug auf Kapazität, Effizienz und Haltbarkeit ständig verbessert. Auch die Solarwechselrichter werden immer effizienter und fortschrittlicher, um eine zuverlässige und hochwertige Umwandlung von Solarenergie in Wechselstrom zu gewährleisten.

In der Agrivoltaik eingesetzte Solartechnologien

Hier einige der verwendeten Technologien:

Photovoltaik-Solarmodule: Photovoltaik-Solarmodule sind die am weitesten verbreitete Solartechnologie in der Agrivoltaiik. Sie können auf erhöhten Stützen oder auf Strukturen wie Pergolen, Schuppen oder Vordächern innerhalb der landwirtschaftlichen Fläche installiert werden, während sie gleichzeitig den Anbau der darunter liegenden Pflanzen ermöglichen.

Landwirtschaftliche Solardächer: Bei dieser Technologie wird der Raum über landwirtschaftlichen Lagerhallen oder Gebäuden für die Installation von photovoltaischen Solarzellen genutzt. Landwirtschaftliche Solardächer erzeugen nicht nur Solarenergie, sondern bieten auch Wetterschutz für die darunter liegenden Strukturen, wie z. B. landwirtschaftliche Lagerhallen und Geräte.

Sonnenschutzanlagen: Diese Anlagen sind so konzipiert, dass sie die landwirtschaftlichen Kulturen beschatten, sie vor übermäßiger direkter Sonneneinstrahlung schützen und gleichzeitig Sonnenenergie erzeugen. Sie können aus transparenten oder halbtransparenten photovoltaischen Solarzellen bestehen, die das Licht durchlassen und den Pflanzen eine angemessene Menge an Sonnenlicht bieten. Wir werden uns die verschiedenen Typen gleich ansehen.

Solarpumpen: Solarpumpen werden zur Bewässerung landwirtschaftlicher Kulturen eingesetzt und nutzen auf natürliche Weise die Sonnenenergie. Diese Pumpen werden direkt über Paneele mit Strom versorgt, so dass kein externer Stromanschluss oder ein Dieselgenerator erforderlich ist. Solarpumpen sind in ländlichen oder abgelegenen Gebieten nützlich, wo der Zugang zu herkömmlicher Elektrizität begrenzt ist.

Solare Beleuchtung: Solarbeleuchtung wird häufig in der Landwirtschaft eingesetzt, um Arbeitsbereiche, Gebäude oder Wege bei Nacht zu beleuchten. Solarbeleuchtungssysteme nutzen die Sonnenenergie für den Betrieb von LED-Leuchten und bieten eine nachhaltige und wirtschaftliche Alternative zur herkömmlichen Beleuchtung.

Zu den Variablen für die Planung einer Agrivoltaik-Anlage gehören die Wahl der Struktur (fest oder mobil), die Höhe über dem Boden, die Materialien und Eigenschaften, die Modulabstände, der Neigungswinkel sowie die gewünschte Art und der Prozentsatz der Beschattung.

Eine Agrivoltaik-Anlage besteht aus einem Betriebssystem (feststehend oder nachgeführt), einer Tragstruktur und einer Bodenverankerung. Es können alle Arten von Solarmodulen verwendet werden, am häufigsten sind jedoch solche mit Silizium-Solarzellen, die den Großteil des weltweiten Photovoltaikmarktes ausmachen. Diese Module bestehen aus einer Glasscheibe auf der Vorderseite und einer weißen

Abdeckfolie auf der Rückseite, die auf einem Metallrahmen montiert sind. Die Solarzellen sind in Reihe geschaltet und zwischen die beiden Elemente laminiert. Ein Metallrahmen dient der Befestigung und Stabilität.

Das Agrivoltaik-System kann fest (vertikal, horizontal, geneigt) oder variabel (ein- oder zweiachsige Nachführung) sein. Bei nachgeführten Systemen werden die Module mit Hilfe eines Nachführmechanismus dem Lauf der Sonne nachgeführt. Die einachsige Nachführung folgt der Sonne in horizontaler Richtung, während die zweiachsige Nachführung sowohl die Elevation als auch den Azimut optimiert. Diese Art von System kann den Energieertrag maximieren, ist aber mit höheren Anschaffungs- und Wartungskosten verbunden.

Die Tragkonstruktion muss an die Bedürfnisse des Systems angepasst werden, wobei die lichte Höhe und der Abstand zwischen den Reihen zu berücksichtigen sind. Eine gute lichte Höhe sorgt für eine gleichmäßige Verteilung des Lichts unter der Anlage und ermöglicht den Zugang für landwirtschaftliche Maschinen. Die Bodenverankerung oder das Fundament ist wichtig, um die Stabilität der Agrivoltaik-Anlage zu gewährleisten. Neben dauerhaften Betonlösungen gibt es umweltfreundliche Alternativen wie Pfahlfundamente oder das Spinnanker-System, das rückstandslos entfernt werden kann.

KAPITEL 3 - Grundprinzipien der nachhaltigen Landwirtschaft

Grundlegende Begriffe

Nachhaltige Landwirtschaft ist ein Ansatz, der darauf abzielt, Lebensmittel und landwirtschaftliche Ressourcen auf ökologisch verträgliche, sozial gerechte und wirtschaftliche Weise zu erzeugen. Dieser Ansatz berücksichtigt die Bedürfnisse der heutigen Generationen, ohne die Fähigkeit künftiger Generationen zu gefährden, ihre eigenen Bedürfnisse zu befriedigen. Hier sind die wichtigsten Punkte:

Schutz der natürlichen Ressourcen: Eine nachhaltige Landwirtschaft ist dem Schutz natürlicher Ressourcen wie Boden, Wasser und biologischer Vielfalt verpflichtet. Dies bedeutet, dass Bodenbewirtschaftungspraktiken angewandt werden, die Erosion, Verdichtung und Nährstoffverarmung verringern. Darüber hinaus werden effiziente Bewässerungsmethoden gefördert, um Wasser zu sparen, und natürliche Lebensräume erhalten, um die Artenvielfalt zu fördern und die Umweltverschmutzung auf Null zu reduzieren.

Reduktion des Einsatzes chemischer Mittel: Eine nachhaltige Landwirtschaft versucht, den Einsatz von chemischen Düngemitteln und synthetischen Pestiziden zu reduzieren, die negative Auswirkungen auf die Umwelt, die menschliche Gesundheit sowie die Boden- und Wasserqualität haben können. Der Einsatz alternativer landwirtschaftlicher Praktiken wie Fruchtfolge, Zwischenfruchtanbau, Kompostierung und biologische Schädlings- und Krankheitsbekämpfung wird gefördert.

Förderung der biologischen Vielfalt und der Ökosysteme: Bei der nachhaltigen Landwirtschaft geht es um die Förderung der Artenvielfalt und gesunder landwirtschaftlicher Ökosysteme. Dazu gehören die Erhaltung einheimischer Arten, die Schaffung von Lebensräumen für Wildtiere, die Förderung der natürlichen Bestäubung und die integrierte Schädlings- und Krankheitsbekämpfung.

Gewässerschutz: Bei dieser Art der Landwirtschaft werden nur Wasserbewirtschaftungsmethoden angewandt, die den Wasserverbrauch und die Wasserverschwendung reduzieren. Dazu können Tropfbewässerung, Regenwassersammlung und -nutzung, Bewirtschaftung von Wassereinzugsgebieten und Schutz der Wasserressourcen vor übermäßiger Verschmutzung gehören.

Aufwertung der lokalen Gemeinschaften und der Landarbeiter: Eine gut gemachte Landwirtschaft setzt sich auch für die Schaffung menschenwürdiger Arbeitsbedingungen und die Förderung der Beteiligung der lokalen Gemeinschaften an Entscheidungen über landwirtschaftliche Praktiken ein. Dazu gehören die Achtung der Rechte von Landarbeitern, die Förderung lokaler Beschäftigung und die Entwicklung lokaler Lebensmittelsysteme, die die Ernährungssicherheit und die Widerstandsfähigkeit von Gemeinschaften fördern.

Nachhaltige Landwirtschaft ist ein ganzheitlicher Ansatz, der ökologische, soziale und wirtschaftliche Grundsätze integriert, um ein ausgewogenes und langfristig nachhaltiges Agrarsystem zu schaffen. Sie fördert die Gesundheit der Umwelt, die menschliche Gesundheit und den wirtschaftlichen Wohlstand, indem sie ein Gleichgewicht zwischen den Bedürfnissen der landwirtschaftlichen Produktion und der Erhaltung der natürlichen Ressourcen anstrebt.

Bedeutung des Schutzes natürlicher Ressourcen

Die Erhaltung der Ressourcen ist für das Wohlergehen unseres Planeten und für uns selbst von größter Bedeutung. Und das sollten wir inzwischen alle erkannt haben...

Natürliche Ressourcen wie Boden, Wasser, Wälder und die berühmte **biologische Vielfalt** sind die Grundlage des Lebens auf der Erde, und ihr Gleichgewicht ist entscheidend für die Erhaltung der Ökosysteme und unser Überleben.

Die Erhaltung der natürlichen Ressourcen ist aus mehreren Gründen wichtig, die wir oft vergessen. Erstens hängt das ökologische Gleichgewicht von der Verfügbarkeit und der richtigen Nutzung dieser Ressourcen ab. **Fruchtbarer Boden** ist für die Nahrungsmittelproduktion und das Pflanzenwachstum unerlässlich. Ohne eine angemessene Bodenbewirtschaftung wird die Landwirtschaft weniger produktiv und die Ernährungssicherheit ist gefährdet. Auch Wasser ist eine lebenswichtige Ressource. Seine Verfügbarkeit und Qualität sind entscheidend für die Erhaltung aquatischer Ökosysteme und für die Befriedigung der Bedürfnisse der menschlichen Gemeinschaften. Die Erhaltung der **Wälder** ist aus mehreren Gründen entscheidend. Wälder sind Lebensraum für zahlreiche Pflanzen- und Tierarten und tragen zur Artenvielfalt bei. Sie spielen auch eine Schlüsselrolle bei der Kohlenstoffbindung und der Abschwächung des Klimawandels. Die Abholzung und nicht nachhaltige Nutzung von Wäldern kann zum Verlust der biologischen Vielfalt, zur Bodenerosion und zu erhöhten Treibhausgasemissionen führen, was wiederum zu einem beschleunigten Klimawandel beiträgt.

Wir wiederholen: Die Erhaltung der biologischen Vielfalt ist von größter Bedeutung für den Erhalt der Vielfalt des Lebens auf der Erde! Sie allein erbringt wichtige Ökosystemleistungen wie die Bestäubung von Pflanzen, die Regulierung des Klimas, die Reinigung von Wasser und den Schutz vor Naturkatastrophen. Darüber hinaus sind viele Pflanzen- und Tierarten Quellen für Nahrungsmittel, Medizin und natürliche Materialien, die für den Menschen sehr nützlich sind.

Letztlich ist die Erhaltung der natürlichen Ressourcen entscheidend für das ökologische Gleichgewicht, das Überleben der Arten, die Ernährungssicherheit und das Wohlergehen der menschlichen Gemeinschaften. Die Förderung einer nachhaltigen Bewirtschaftung der natürlichen Ressourcen und von Schutzmaßnahmen ist ein **kollektives Unterfangen**, das die aktive Beteiligung von Regierungen, Institutionen, Unternehmen und vor allem von Einzelpersonen erfordert. Nur durch die Erhaltung der Ressourcen können wir unsere Zukunft sichern.

"Wenn sie den letzten Fluss verschmutzt, den letzten Baum gefällt, den letzten Bison gefangen, den letzten Fisch gefangen haben, dann erst werden sie erkennen, dass sie das Geld, das sie auf ihren Banken angehäuft haben, nicht essen können".

Verringerung der Umweltauswirkungen der konventionellen Landwirtschaft

Die Verringerung der Umweltauswirkungen der konventionellen Landwirtschaft bezieht sich auf Maßnahmen und Strategien zur Abschwächung der negativen Auswirkungen, die die konventionelle Landwirtschaft auf die Umwelt haben kann. Die konventionelle Landwirtschaft, in der häufig in großem Umfang chemische Düngemittel, synthetische Pestizide und intensive Produktionsmethoden eingesetzt werden, hat eine Reihe von schädlichen Auswirkungen auf die Umwelt, wie z. B. Boden- und Wasserverschmutzung, Verlust der biologischen Vielfalt und Emission von Treibhausgasen.

Es wurden bereits mehrere Strategien und Praktiken entwickelt, um die negativen Umweltauswirkungen der konventionellen Landwirtschaft zu verringern:

Bodenbewirtschaftungspraktiken: Die Anwendung von Praktiken zur Verbesserung der Bodenqualität und zur Verringerung der Erosion wird gefördert, z. B. **Fruchtfolge**, Verwendung von **Bodendeckern**, **konservierende Bodenbearbeitung** und **Kompostierung**. Diese Praktiken tragen dazu bei, die Bodenstruktur zu erhalten, die Bodenfruchtbarkeit zu bewahren und die Erosionsgefahr zu verringern.

Integrierte Schädlings- und Krankheitsbekämpfung: Die Anwendung integrierter Ansätze zur Schädlings- und Krankheitsbekämpfung, die die Abhängigkeit von synthetischen Pestiziden verringern, wird gefördert. Dazu gehören der Einsatz biologischer und natürlicher Methoden der Schädlings- und Krankheitsbekämpfung, die Auswahl resistenter Sorten und die Fruchtfolge.

Reduktion des Einsatzes von chemischen Mitteln: Es wird versucht, den Einsatz von chemischen Düngemitteln und synthetischen Pestiziden zu begrenzen, indem natürlichere Alternativen ausprobiert werden. Dies kann die Anwendung gezielter Düngetechniken, die Verwendung organischer Düngemittel wie Kompostierung und Tiermist umfassen.

Wasserschutz: Gefördert werden Wasserbewirtschaftungspraktiken, die den Verbrauch und die Verschwendung von Wasser bei landwirtschaftlichen Tätigkeiten verringern. Dazu gehören die Tropfbewässerung und das Mulchen, der Einsatz wassersparender Bewässerungssysteme und, soweit möglich, die Auswahl der Kulturen nach ihrem Wasserbedarf.

Förderung der biologischen Vielfalt in der Landwirtschaft: Es werden Anstrengungen unternommen, um die biologische Vielfalt in der Landwirtschaft zu erhalten und zu fördern, z. B. durch den Anbau von ausschließlich einheimischen Pflanzen, die Schaffung und Erhaltung von Lebensräumen für wild lebende Tiere und den Schutz von Insekten wie Bienen. Die biologische Vielfalt in der Landwirtschaft ist das, was die Widerstandsfähigkeit der landwirtschaftlichen Ökosysteme am meisten fördert und zur Stabilität der Ernten beiträgt.

...Und die Permakultur, der ich lieber einen eigenen Absatz widme, um eine sehr kurze und sehr reduzierte Einführung zu geben...

Permakultur

Permakultur ist ein Planungs- und Praxissystem, das auf den Grundsätzen der Ökologie und Ethik beruht, um nachhaltige Systeme zu schaffen, die den Bedürfnissen von Mensch und Natur gerecht werden. Der Begriff "Permakultur" setzt sich aus den Wörtern "permanente Landwirtschaft" und "Kultur" zusammen und unterstreicht das Ziel, landwirtschaftliche und soziale Systeme zu schaffen, die auf lange Sicht nachhaltig sind.

Es wurde in den 1970er Jahren in Australien von **Bill Mollison und David Holmgren** entwickelt. Die beiden Begründer kombinierten ihr Wissen über Ökologie, Landwirtschaft, Anthropologie und Systemdesign, um einen integrierten, ganzheitlichen Ansatz für die Gestaltung nachhaltiger Systeme zu entwickeln. Im Jahr 1978 veröffentlichten Mollison und Holmgren das Buch "Permaculture One", das als wegweisendes Werk über Permakultur gilt.

Die Permakultur basiert auf drei grundlegenden ethischen Prinzipien: der **Sorge um die Erde**, der **Sorge um die Menschen** und der **gerechten Verteilung der Ressourcen**. Diese Ethik leitet die Entscheidungen und Handlungen der Permakulturisten bei der Gestaltung und Verwaltung der Systeme. Die Permakultur umfasst auch zwölf Gestaltungsprinzipien, die Leitlinien für die Schaffung nachhaltiger Systeme bieten, einschließlich des sparsamen Umgangs mit Ressourcen, der Gestaltung der Widerstandsfähigkeit und der Förderung der Vielfalt.

Permakultur geht über die Landwirtschaft hinaus und

umfasst eine umfassendere Vision von nachhaltigen Lebenssystemen. Sie gilt nicht nur für die Landwirtschaft, sondern auch für Architektur, Landschaftsgestaltung, Wasserwirtschaft, erneuerbare Energien, Bildung, Wirtschaft und Gemeinschaft. Ziel ist es, integrierte Systeme zu schaffen, die mit den natürlichen Prozessen in Einklang stehen, die die biologische Vielfalt fördern, energieeffizient sind und die Bedürfnisse der Menschen auf nachhaltige Weise erfüllen.

Sie hat die Umweltbewegung und das nachhaltige Design maßgeblich beeinflusst und ist zu einer Lebensphilosophie für viele geworden, die ein harmonischeres Leben mit der natürlichen Umwelt anstreben. Permakultur wurde weltweit übernommen, wobei Permakultur-Projekte und -Gemeinschaften Permakultur-Grundsätze und -Praktiken anwenden, um nachhaltige und widerstandsfähige Lebensmodelle zu schaffen.

Das Problem der heutigen Landwirtschaft ist, dass sie auf die Produktion von Geld und nicht von Nahrungsmitteln ausgerichtet ist.

— Bill Mollison —

KAPITEL 4 - Entwurf und Planung einer Agrivoltaik-Anlage

Auswahl des idealen Standorts und Ausrichtung

Die Wahl des idealen Standorts und der Ausrichtung für eine Agrivoltaik-Anlage hängt von mehreren Faktoren ab, die berücksichtigt werden müssen, und erfordert eine gründliche Analyse der örtlichen Gegebenheiten, der Anforderungen an die landwirtschaftlichen Kulturen sowie der technischen und wirtschaftlichen Möglichkeiten. Hier sind einige wichtige Punkte, die bei der Standortwahl zu beachten sind:

Sonneneinstrahlung: Es ist wichtig, die Agrivoltaik-Anlage in einem Gebiet mit guter Sonneneinstrahlung aufzustellen. Das bedeutet, dass die Fläche die meiste Zeit des Tages direkt dem Sonnenlicht ausgesetzt sein sollte. Eine genaue Analyse der Sonneneinstrahlung kann bei der Bestimmung der Eignung eines bestimmten Gebiets hilfreich sein. In Kapitel 2 habe ich einen nützlichen Standort für eine genaue Analyse angegeben.

Beschattung: Es ist wichtig, das Vorhandensein von Hindernissen zu prüfen, die das Agrivoltaik-System erheblich beschatten könnten. Bäume, Gebäude oder andere Strukturen können die Effizienz der Photovoltaikanlage verringern und das Pflanzenwachstum beeinträchtigen.

Topographie des Geländes: Die Topographie des Geländes kann die Effizienz der Agrivoltaik-Anlage beeinflussen. Es ist vorzuziehen, ein relativ flaches Gelände zu wählen, um die Installation von Solarmodulen zu erleichtern und eine ausreichende Sonneneinstrahlung zu gewährleisten.

Bodenbedingungen und Drainage: Es ist wichtig, die Qualität des Bodens und seine Drainagekapazität zu berücksichtigen. Ein gut entwässerter Boden trägt dazu bei, Wasseransammlungen und die Gefahr von Stagnation zu vermeiden, die sowohl die Solarmodule als auch die landwirtschaftlichen Kulturen schädigen könnten.

Zugänglichkeit und Infrastruktur: Es ist notwendig, die Zugänglichkeit des Gebiets zu bewerten, um die Installation, die Wartung und den Betrieb der Agrivoltaik-Anlage zu erleichtern. Darüber hinaus ist es wichtig, das Vorhandensein von Infrastrukturen zu berücksichtigen, wie z. B. den Zugang zum Strom- und Verteilungsnetz, um einen ordnungsgemäßen Anschluss der Photovoltaikanlage zu gewährleisten.

Agronomische Erwägungen: Es ist wichtig, die spezifischen Bedürfnisse der landwirtschaftlichen Kulturen zu berücksichtigen, die in dem Gebiet der Agrivoltaik angebaut werden sollen. Einige Kulturen benötigen möglicherweise andere Expositionsbedingungen oder profitieren von bestimmten Bodeneigenschaften. Die Wechselwirkung zwischen Solarenergie und Pflanzenanbau muss sorgfältig bewertet werden, um den Nutzen für beide Systeme zu maximieren.

Auswahl der mit der Agrivoltaik kompatiblen Nutzpflanzen

Die Auswahl von Pflanzen, die mit der Agrivoltaik kompatibel sind, ist ein wichtiger Aspekt, um den Erfolg und die Produktivität des Systems zu gewährleisten. Ziel ist es, Pflanzen zu finden, die in Symbiose mit den Solarzellen koexistieren können, um den Raum bestmöglich zu nutzen und die verfügbaren Ressourcen zu optimieren. Im Folgenden werden einige Faktoren genannt, die bei der Auswahl der Pflanzen zu berücksichtigen sind:

Höhe und Ausrichtung der Pflanzen: Wählen Sie Pflanzen, die die Sonneneinstrahlung auf die Solarzellen nicht behindern. Niedrige oder vertikale Pflanzen wie Kräuter, Blattgemüse, Blumen oder kompakte Sträucher sind oft besser geeignet, da sie die Solarenergieerzeugung nicht beeinträchtigen.

Wachstumszyklus: Es ist wichtig, Pflanzen auszuwählen, deren Wachstumszyklen mit der Solarenergieerzeugung vereinbar sind. Zum Beispiel können ein- oder zweijährige Pflanzen, die geerntet oder ersetzt werden, bevor die Blätter der Solarzellen beschattet werden, eine geeignete Wahl sein.

Schattentoleranz: Trotz aller Versuche, den Schattenwurf zu reduzieren, ist es unvermeidlich, dass die Solarmodule Schatten auf die darunter liegenden Pflanzen werfen. Daher ist es wichtig, Pflanzen auszuwählen, die teilschattentolerant sind und unter diesen Bedingungen weiter wachsen und sich entwickeln können.

Wasserbedarf: Berücksichtigen Sie den Wasserbedarf der Kulturpflanzen und die Verfügbarkeit von Wasserressourcen in dem Gebiet. Die Auswahl von Kulturen mit ähnlichem Wasserbedarf kann das Bewässerungsmanagement in der Agrivoltaik erleichtern.

Biologische Vielfalt und ökologische Synergien: Die Förderung der biologischen Vielfalt in der Agrivoltaik kann erhebliche ökologische Vorteile mit sich bringen. Die Wahl von Pflanzen, die bestäubende Insekten anziehen, Schädlinge abwehren oder die biologische Schädlingsbekämpfung fördern, kann dazu beitragen, ein ökologisches Gleichgewicht im System zu schaffen.

Wirtschaftliche Auswahl: Auch wenn Sitting Bull und die Begründer der Permakultur dies nicht gutheißen würden, sollte die Rentabilität der ausgewählten Kulturen im Verhältnis zu den Produktionskosten und den Absatzmärkten bewertet werden. Die Auswahl kommerziell wertvoller und auf dem Markt gefragter Pflanzen kann zur wirtschaftlichen Nachhaltigkeit des Agrivoltaik-Systems beitragen.

Letztlich geht es darum, eine Kombination aus Nutzpflanzen und Solarzellen zu schaffen, die sich gegenseitig unterstützen und die nachhaltige Nahrungsmittel- und Energieproduktion maximieren.

Im Rahmen der Agrivoltaik gibt es mehrere Pflanzen, die sich gut für dieses kombinierte System aus Solarenergieerzeugung und Landwirtschaft eignen. Diese Pflanzen werden aufgrund ihrer Eigenschaften und ihrer Fähigkeit ausgewählt, in einer Umgebung zu wachsen und zu gedeihen, die auch Solarzellen umfasst. Sehen wir uns einige Beispiele von Pflanzen an, die oft als geeignet für die Agrivoltaik angesehen werden.

Aromatische Kräuter wie MInze, Petersilie, Basilikum, Salbei und Lavendel sind eine gute Wahl. Sie sind niedrig liegende Pflanzen, die keine längere direkte Sonneneinstrahlung benötigen und leicht zwischen Solarmodulen angebaut werden können.

Blattgemüse wie Kopfsalat, Spinat und Rucola eignen sich ebenfalls für die Agrivoltaik. Diese Pflanzen zeichnen sich durch einen schnellen Wachstumszyklus aus.

Niedrig wachsende Kletterpflanzen, wie z. B. Erbsen, Bohnen oder Zucchini, können vertikal wachsen, ohne die Solarzellen zu beeinträchtigen, und nutzen so den verfügbaren Platz effektiv aus.

Einige niedrig wachsende Blumen wie **Zwergsonnenblumen** oder **Ringelblumen** können in der Agrivoltaik kultiviert werden und verleihen dem Gebiet einen ästhetischen Wert und sind attraktiv für nützliche Bestäuber.

Darüber hinaus eignen sich einige **Obstsorten** wie **Heidelbeeren, Brombeeren oder Erdbeeren** für die Agrivoltaik. Diese kompakten Sträucher können zwischen Solarmodulen gepflanzt werden, ohne dass es zu einer nennenswerten Abschattung kommt.

KAPITEL 5 - Auswirkungen der Beschattung auf die Kulturen

Untersuchung der Auswirkungen der Beschattung

Studien über die Auswirkungen der Beschattung auf Pflanzen sind von entscheidender Bedeutung, um zu verstehen, wie sich das Vorhandensein von Strukturen wie Sonnenkollektoren in der Landwirtschaft auf das Wachstum und die Gesundheit von Nutzpflanzen auswirken kann. Diese Studien ermöglichen es uns, die positiven oder negativen Auswirkungen der Beschattung auf Pflanzen zu bewerten und geeignete Strategien zur Maximierung der Produktivität in der landwirtschaftlichen Photovoltaik-Umgebung zu entwickeln.

Bei der Diskussion über die Beschattung von Pflanzen sind mehrere Aspekte zu berücksichtigen. Zunächst einmal hängen die Intensität und Dauer der Beschattung von der Position der Sonnenkollektoren, dem Winkel, der Größe der Strukturen und dem Verlauf der Sonne im Laufe des Tages ab.

Die Auswirkungen der Beschattung auf die Pflanzen hängen von verschiedenen Faktoren ab, u. a. von der Art der Kultur, der Dauer der Beschattung, der Intensität des reduzierten Sonnenlichts und den Umgebungsbedingungen. Im Allgemeinen kann die Schattierung folgende Auswirkungen haben:

Photosynthese und Pflanzenwachstum: Beschattung verringert die Intensität des Sonnenlichts, das die Pflanzen erreicht, und beeinträchtigt so die Photosynthese, den Prozess, bei dem Pflanzen das

Sonnenlicht in chemische Energie für das Wachstum umwandeln. Eine geringere Sonneneinstrahlung kann die Fähigkeit der Pflanzen einschränken, Nährstoffe zu produzieren und optimal zu wachsen.

Morphologische Entwicklung: Beschattung kann das morphologische Verhalten von Pflanzen beeinflussen, z. B. durch verstärktes Höhenwachstum (positiver Phototropismus), um das Sonnenlicht zu erreichen, oder durch reduzierte Seitenverzweigung.

Blüten- und Fruchtbildung: Schatten kann die Blüten- und Fruchtbildung beeinträchtigen. Bei einigen Pflanzen kann es aufgrund der geringeren Sonneneinstrahlung zu einer verminderten Blühfähigkeit oder zu einer Abnahme der Qualität und Quantität der Früchte kommen.

Konkurrenz mit Unkraut: Beschattung kann auch die Konkurrenz der Pflanzen mit Unkraut beeinflussen. Eine geringere Sonneneinstrahlung kann das Wachstum von Unkräutern fördern, die mit den Nutzpflanzen um Wasser, Nährstoffe und Platz konkurrieren müssen.

Um die Auswirkungen des Schattens auf die Pflanzen in der Agrivoltaik vollständig zu verstehen, ist es notwendig, spezifische Studien über verschiedene Pflanzen durchzuführen, ihre Schattentoleranz zu bewerten und die agronomischen Praktiken entsprechend anzupassen. Es gibt mehrere Strategien, um die negativen Auswirkungen der Abschattung zu mildern, z. B. die Auswahl von Pflanzen, die an Teilschatten angepasst sind, die Optimierung der Anordnung der Solarzellen und die Anwendung von Boden- und Bewässerungsmanagementtechniken.

Studien über die Auswirkungen der Beschattung auf Pflanzen im Zusammenhang mit der Agrivoltaik sind ein sich entwickelnder Forschungsbereich, da das Ziel darin besteht, ein optimales Gleichgewicht zwischen Solarenergieerzeugung und landwirtschaftlicher Effizienz zu finden. Diese Forschung ermöglicht es uns, immer nachhaltigere Praktiken in der Agrivoltaik anzuwenden und die Vorteile sowohl für die Erzeugung erneuerbarer Energie als auch für die landwirtschaftliche Produktion zu maximieren. Wie bereits erwähnt, gibt es jedoch noch keine Regeln, die für alle gelten. Deshalb ist es wichtig, sich mit dem vorhandenen Wissen zu wappnen und selbst zu experimentieren!

Schutz vor Sonnenschäden und extremen Wetterereignissen. Schatten reduziert die Verdunstung und erhält die Bodenfeuchtigkeit. Verringert die Bodentemperatur an heißen Tagen.

Anpassung der Pflanzen an die Beschattung

Landwirtschaftliche Nutzpflanzen können sich jedoch auf verschiedene Weise an den Schatten anpassen, um ihr Wachstum und ihre Produktion zu optimieren. Dies sind einige der Anpassungsmechanismen, die Pflanzen nutzen, um mit Schatten zurechtzukommen:

Positiver Phototropismus: Viele Pflanzen zeigen eine Reaktion, die als positiver Phototropismus bezeichnet wird, was bedeutet, dass sie dazu neigen, in Richtung Licht zu wachsen. Im Schatten strecken die Pflanzen ihre Stängel oder Blätter in Richtung der verfügbaren Lichtquellen aus, um die Absorption von Sonnenenergie zu maximieren.

Erhöhte photosynthetische Effizienz: Beschattete Pflanzen können sich auch anpassen, indem sie die Effizienz des Photosyntheseprozesses erhöhen. Dies kann durch eine Veränderung der Blattarchitektur geschehen, z. B. durch die Entwicklung dünnerer oder breiterer Blätter, um mehr Licht einzufangen, oder durch eine Erhöhung der Chlorophyllkonzentration in den Blättern, um die Absorption des verfügbaren Lichts zu maximieren.

Reduziertes Seitenwachstum: Beschattete Pflanzen können ihr Seitenwachstum reduzieren und sich stattdessen auf das vertikale Wachstum konzentrieren, um das verfügbare Licht zu erreichen. Dies kann zu einer größeren Pflanzenhöhe und einer geringeren seitlichen Verzweigung führen.

Anpassung der Blütezeit: Einige Pflanzen können sogar ihre Blütezeit anpassen. Sie können zu Zeiten blühen, in denen mehr Sonnenlicht zur Verfügung steht, oder sie können die Blütezeit verlängern, um die Samen- oder Fruchtproduktion zu maximieren.

Entwicklung von Schattentoleranzmechanismen: Einige Pflanzen sind in der Lage, Schattentoleranzmechanismen zu entwickeln, wie z. B.

eine erhöhte Fähigkeit, Bedingungen mit geringerer Sonneneinstrahlung zu widerstehen. Diese Pflanzen können sich an schattige Bedingungen anpassen und trotz reduzierter Lichtmengen ein akzeptables Wachstum und eine akzeptable Produktion aufrechterhalten.

Es ist wichtig zu beachten, dass die Anpassungsfähigkeit von Pflanzen an die Beschattung je nach Art und den spezifischen Umweltbedingungen variieren kann. Einige sind möglicherweise anpassungsfähiger als andere und werden in landwirtschaftlichen Photovoltaiksystemen bevorzugt, bei denen die Beschattung ein wichtigerer Faktor ist (höhere Paneeldichte).

Maximierung der Effizienz der landwirtschaftlichen Produktion in der Agrivoltaik

Um die Effizienz der landwirtschaftlichen Produktion in der Agrivoltaik zu maximieren, können verschiedene Strategien angewandt werden. Einige wichtige Überlegungen sind im Folgenden aufgeführt:

Auswahl der Kulturen: Ganz banal, aber immer unterschätzt, ist die Auswahl von Pflanzen, die für die Agrivoltaik geeignet sind, unter Berücksichtigung von Exposition, Beschattung und Wasserbedarf. Die Wahl von kurzzyklischen Kulturen oder mehrjährigen Pflanzen, die an Teilschatten angepasst sind, kann zu höheren Erträgen führen.

Fruchtfolge: Die Fruchtfolge, eine weitere alte und vergessene Technik, trägt dazu bei, die Bodenfruchtbarkeit zu erhalten, das Risiko von Krankheiten und Schädlingen zu verringern und die

Ressourceneffizienz zu maximieren. Der Wechsel der Kulturen auf verschiedenen Abschnitten der Agrivoltaik-Fläche fördert eine ausgewogene Nutzung aller Ressourcen.

Komplementäre Pflanzen: Integrieren Sie Pflanzen, die sich gegenseitig ergänzen und ökologische Synergien fördern. Beispielsweise können einige aromatische Pflanzen Insekten abwehren, die für andere Pflanzen schädlich sind, oder nützliche Bestäuber anziehen. Die Auswahl positiv interagierender Pflanzen kann ein widerstandsfähigeres und effizienteres agrivoltaisches System fördern. Es gibt sehr klare, erprobte und bewährte Tabellen, die überall gültig sind.

Bewässerungsmanagement: Überwachen Sie den Wasserbedarf der Pflanzen genau und wählen Sie ein geeignetes Bewässerungssystem, um eine optimale Wasserversorgung sicherzustellen. Der Einsatz von Technologien wie Bodenfeuchtesensoren und Tropfbewässerungssystemen kann ein präziseres und gezielteres Wassermanagement ermöglichen. Es gibt sehr einfache und in Italien hergestellte Systeme wie 'Arduino', mit denen Sie die Situation mit nur wenigen Euro im Griff haben. Arduino Grow Station" ist ein weiterer Begriff, den man googeln sollte.

Unkrautbekämpfung: Sorgen Sie für eine wirksame Unkrautbekämpfung, um eine Konkurrenz zu den landwirtschaftlichen Kulturen zu vermeiden. Der Einsatz mechanischer Methoden wie **Pflügen** oder **Gründüngung** sowie Bodenbedeckungstechniken wie **Mulchen** haben stets dazu beigetragen, das Unkrautwachstum zu verringern.

Integrierte Schädlings- und Krankheitsüberwachung und -bekämpfung: Achten Sie auf eine rechtzeitige Überwachung von Pflanzenkrankheiten und Schädlingen, indem Sie integrierte Bewirtschaftungsstrategien anwenden, die kulturelle und biologische (bei Bedarf auch chemische, aber gezielte) Methoden umfassen. Durch präventives und sorgfältiges Management können Produktionsverluste und der Einsatz von Pestiziden minimiert werden.

Überwachung der Leistung der Agrivoltaik-Anlage: kontinuierliche Bewertung der Effizienz der Agrivoltaik-Anlage durch Erfassung von Daten zu Ernteertrag, Solarenergieproduktion und Ressourcennutzung. Diese Informationen liefern unschätzbare Erkenntnisse für Verbesserungen und die Optimierung der Gesamtleistung des Systems.

KAPITEL 6 - Bewässerung und Wassermanagement

Effiziente und nachhaltige Bewässerungssysteme

Bewässerungssysteme sind für einen verantwortungsvollen Umgang mit den Wasserressourcen und die Maximierung der landwirtschaftlichen Produktion von größter Bedeutung. Diese Systeme sind darauf ausgelegt, die Effizienz der Wassernutzung zu optimieren, die Verschwendung zu reduzieren und die negativen Auswirkungen auf die Umwelt zu minimieren. Sehen wir uns einige der wichtigsten Bewässerungssysteme an, die zur Erreichung dieser Ziele eingesetzt werden.

Eines der beliebtesten Systeme ist die **Tröpfchenbewässerung**, bei der das Wasser über kleine Tropfer oder poröse Rohre direkt an die Wurzeln der Pflanzen geleitet wird. Dieses System reduziert Wasserverluste durch Verdunstung und Bodenerosion und ermöglicht eine gezieltere und effizientere Nutzung der verfügbaren Wasserressourcen. Ein weiteres wirksames System ist die **Mikro-Bewässerung**, bei der die Pflanzen mit kleinen Wasserstrahlen bewässert werden. Dieses System ermöglicht eine gleichmäßige Verteilung des Wassers über den Boden, wodurch Verluste verringert werden und die Wassermenge, die den Pflanzen zugeführt wird, genau gesteuert werden kann. Eine weitere Möglichkeit ist die **Unterbewässerung**, bei der der Boden teilweise oder ganz untergetaucht wird, damit die Pflanzenwurzeln das notwendige Wasser aufnehmen können. Dieses System eignet sich besonders für Böden mit einer guten Wasserspeicherkapazität.

D i e **Sprühbewässerung** ist eine weitere gängige Technik, bei der Sprinkler eingesetzt werden, um das Wasser gleichmäßig über die Pflanzen zu verteilen. Es ist wichtig, qualitativ hochwertige Sprinkler zu verwenden, um Verluste durch Verdunstung und Abdrift zu verringern.

Darüber hinaus hat die moderne Technik Präzisionsbewässerungssysteme eingeführt, bei denen Bodenfeuchtesensoren und automatische Steuerungen eingesetzt werden, um Wasser genau dann und dort abzugeben, wo es benötigt wird. Dadurch wird eine Über- oder Unterbewässerung vermieden, die Verschwendung reduziert und die Wassereffizienz insgesamt optimiert.

Ein weiterer wichtiger Aspekt ist die Nutzung von Solarenergie für die Bewässerungssysteme. Bei diesem Ansatz wird die erneuerbare Energie der Sonne für den Betrieb von Pumpen und Bewässerungssystemen genutzt, wodurch die mit dem Einsatz fossiler Brennstoffe verbundenen Umweltauswirkungen verringert werden.

Um die Effizienz und Nachhaltigkeit von Bewässerungssystemen zu maximieren, ist es außerdem wichtig, Bodenbewirtschaftungspraktiken anzuwenden, wie z. B. die Abdeckung des Bodens mit organischem Material (das bereits erwähnte Mulchen). Darüber hinaus können die genaue Überwachung des Wasserbedarfs der Pflanzen und die Anpassung des Bewässerungsregimes an die klimatischen Bedingungen dazu beitragen, die Verschwendung zu verringern und das Wassermanagement zu verbessern.

Die Einführung effizienter und nachhaltiger Bewässerungssysteme trägt zweifellos dazu bei, den

Wasserverbrauch zu senken, die Bodenqualität zu erhalten, Erosion und Grundwasserverschmutzung zu begrenzen und einen verantwortungsvollen Umgang mit Wasser in der Landwirtschaft zu fördern. Diese Systeme sind ein wichtiger Schritt auf dem Weg zu einer wesentlich nachhaltigeren und effizienteren Landwirtschaft.

Regenwassernutzung und -speicherung

Regenwassersammlung und -nutzung spielen eine Schlüsselrolle bei der sinnvollen und nachhaltigen Bewirtschaftung der Wasserressourcen. Hier sind einige der wichtigsten Erkenntnisse:

Schutz der Wasserressourcen: Wasser ist sowohl die wertvollste als auch die am stärksten begrenzte Ressource. Durch das Sammeln und Nutzen von Regenwasser können wir unsere Abhängigkeit von traditionellen Süßwasserquellen wie Flüssen, Seen und Grundwasserleitern verringern. Dies trägt dazu bei, die für wichtige Zwecke verfügbaren Wasserressourcen zu erhalten und den Druck auf die Wasserversorgung zu verringern. Wir werden in Zukunft einige Probleme haben, wenn wir nicht anfangen, auch das Regenwasser gut zu bewirtschaften.

Abbau von Wasserstress: In vielen Regionen der Welt ist Wasserknappheit heute ein alltägliches Problem. Die Sammlung und Nutzung von Regenwasser kann eine zusätzliche Wasserquelle für nicht trinkbare Zwecke wie die Bewässerung von Pflanzen, das Waschen von Tieren, die Reinigung von Oberflächen und die Kühlung darstellen. Dies trägt dazu bei, den Wasserstress zu verringern und die Nachhaltigkeit der Wassernutzung zu gewährleisten.

Verminderung der Wasserverschmutzung: Die Regenwassernutzung kann dazu beitragen, die Belastung von Oberflächen- und Grundwasser mit Schadstoffen zu verringern. Regenwasser kann Schadstoffe wie Düngemittel, Pestizide, Öle und Sedimente aus dem Boden und von städtischen Oberflächen mit sich führen. Durch das Sammeln und Aufbereiten dieses Wassers kann die Verschmutzung der Wasserressourcen verhindert oder verringert werden.

Reduzierung von Überschwemmungen: Die Regenwassernutzung kann dazu beitragen, das Risiko von lokalen Überschwemmungen zu verringern. Durch das Sammeln von Regenwasser in Drainagesystemen und Reservoirs kann der direkte Abfluss in Wasserläufe und Entwässerungskanäle begrenzt werden, wodurch eine Überlastung der Drainagesysteme verhindert und die Überschwemmungsgefahr verringert wird. Eine Kleinigkeit, aber sie summiert sich, auch wenn der letzte Strohhalm....

Einsparungen: Die Nutzung von Regenwasser senkt zweifellos die mit der herkömmlichen Wasserversorgung verbundenen Kosten. Die Installation von Regenwassernutzungsanlagen erfordert zwar eine Anfangsinvestition, kann aber langfristig zu erheblichen Einsparungen bei den Wasserkosten führen.

Förderung der Nachhaltigkeit: Regenwassersammlung und -nutzung sind nachhaltige Praktiken, die einen verantwortungsvollen Umgang mit Wasser und den

Schutz der Umwelt fördern. Um es noch einmal zu sagen: Diese Praktiken tragen dazu bei, die Wasserressourcen zu erhalten und zu schützen.

Insgesamt sind Regenwassersammlung und -nutzung wichtig, um Wasser zu sparen, Wasserstress zu verringern, Wasserverschmutzung zu verhindern, Überschwemmungen zu bewältigen und Nachhaltigkeit zu fördern. Diese Praktiken sind ein effektiver Weg, um eine wertvolle natürliche Ressource wie Regenwasser verantwortungsvoll und effizient zu nutzen.

Integrierte Wasserwirtschaft für Landwirtschaft und Energie

Die integrierte Wasserbewirtschaftung für Landwirtschaft und Energie ist ein Ansatz, der darauf abzielt, die Nutzung der Wasserressourcen zu koordinieren und zu optimieren, um gleichzeitig den Bedürfnissen der Landwirtschaft und der Energieerzeugung gerecht zu werden. Dieser Ansatz erkennt die Verflechtung zwischen der Wassernutzung für landwirtschaftliche und energetische Zwecke an und versucht, die Herausforderungen und Chancen zu bewältigen, die sich aus dieser Wechselwirkung ergeben.

In der Landwirtschaft ist Wasser für die Bewässerung von Pflanzen und die Nahrungsmittelproduktion unerlässlich. Die Nachfrage nach Wasser für landwirtschaftliche Zwecke kann jedoch erheblich sein und die verfügbaren Wasserressourcen belasten. Andererseits wird auch für die Energieerzeugung eine beträchtliche Menge Wasser benötigt, z. B. für die Kühlung von Wärmekraftwerken oder die Herstellung von Biokraftstoffen. Dies ist nicht gerade das Thema dieses Buches, aber zwei Worte müssen gesagt werden.

Mit der integrierten Wasserbewirtschaftung für die Landwirtschaft und die Energiewirtschaft sollen die mit diesen beiden Aktivitäten verbundenen Herausforderungen angegangen werden, um die Effizienz der Wassernutzung zu maximieren und die negativen Auswirkungen auf die Umwelt zu minimieren. Dieser Ansatz stützt sich auf eine Reihe von Strategien und Praktiken, darunter:

Planung und Koordinierung: Dazu gehört eine integrierte Planung der Wassernutzung in der Landwirtschaft und im Energiesektor unter Berücksichtigung des lokalen Bedarfs, der Wasserverfügbarkeit und der Prioritäten. Die Kooperation zwischen den beiden Sektoren und die Zusammenarbeit zwischen den Interessengruppen sind der Schlüssel für eine effektive Bewirtschaftung der Wasserressourcen.

Effiziente Wassernutzung: Die Einführung von Praktiken zur Verbesserung der Wassernutzungseffizienz ist ein Schlüsselaspekt des integrierten Managements. Dazu gehören der Einsatz effizienter Bewässerungssysteme, eine optimierte Bewässerungsplanung (Pflanzenbedarf), die Überwachung der Bodenfeuchtigkeit und die Anwendung von Präzisionsbewässerungstechniken.

Nutzung nachhaltiger Energiequellen: Durch die Förderung der Nutzung erneuerbarer Energiequellen werden die mit der Energieerzeugung verbundenen Umweltauswirkungen verringert. Der Einsatz von Solar-,

Wind- oder Wasserkrafttechnologien hilft, die Abhängigkeit von wasserintensiven Quellen zu verringern.

Abwassermanagement: Wasser aus der landwirtschaftlichen Produktion kann aufbereitet und für Bewässerungszwecke oder zur Stromerzeugung aus Wasserkraft wiederverwendet werden. Abwasserrecycling ist eine wichtige Strategie zur Optimierung der Nutzung von Wasserressourcen.

Überwachung und Bewertung: Es ist wichtig, die Wassernutzung zu überwachen und die Wirksamkeit der umgesetzten Bewirtschaftungsstrategien zu bewerten. Die Überwachung der Wasserressourcen, des Verbrauchs und der Umweltauswirkungen ermöglicht mögliche Korrekturen oder Verbesserungen des Bewirtschaftungssystems.

KAPITEL 7 - Überwachung und Kontrolle der Umweltparameter

Die Bedeutung der Überwachung von Umweltparametern

Die Überwachung von Umweltparametern ist unerlässlich, um die Auswirkungen menschlicher Tätigkeiten auf die Umwelt zu bewerten und wirksame Maßnahmen zur Eindämmung und Erhaltung der Umwelt zu ergreifen. Durch die Überwachung können die richtigen Entscheidungen getroffen werden, um die Gesundheit der Ökosysteme zu erhalten und die ökologische Nachhaltigkeit zu fördern.

Die Überwachung von Umweltparametern umfasst die systematische und regelmäßige Sammlung von Daten und Informationen über verschiedene Umweltaspekte wie Luftqualität, Wasserqualität, biologische Vielfalt, Verschmutzung, Klima und andere Umweltindikatoren. Dieser Prozess umfasst die Einrichtung von Erhebungsinstrumenten und die Durchführung von Probenahmen, Analysen und Beobachtungen, um den Zustand der Umwelt und etwaige Veränderungen im Laufe der Zeit zu bewerten. Die Umweltüberwachung liefert somit die Grundlage für die entscheidenden Informationen, die es ermöglichen, Probleme zu erkennen, die Wirksamkeit von Maßnahmen und Managementpraktiken zu bewerten und die richtigen Entscheidungen zu treffen.

Überwachungstechnologien in der Agrivoltaik

Hier sind einige Beispiele für Technologien:

Sensoren für die Sonneneinstrahlung: Diese Sensoren messen die Intensität und Richtung der Sonneneinstrahlung auf die landwirtschaftliche Fläche. Anhand dieser Informationen lässt sich die Effizienz der Sonnenkollektoren bei der Absorption der Sonnenenergie beurteilen und es lassen sich Bereiche mit Abschattungen ermitteln, die die Energieerzeugung beeinträchtigen könnten.

Bodenfeuchtesensoren: Diese Sensoren messen den Feuchtigkeitsgehalt des Bodens in verschiedenen Tiefen. Dies ermöglicht die Überwachung des Bodenwasserzustands und die Optimierung der Bewässerungspraktiken, um Verschwendung und Mangel zu vermeiden.

Meteorologische Sensoren: Diese Sensoren messen verschiedene meteorologische Parameter wie Lufttemperatur, relative Luftfeuchtigkeit, Windgeschwindigkeit und -richtung. Diese Informationen sind wichtig, um das Wachstumsumfeld der Pflanzen und die Auswirkungen des Klimas auf die Effizienz der Solarmodule selbst zu verstehen. **Bei zu hohen oder zu niedrigen Temperaturen ändert sich ihr Effizienzgrad!**

Pflanzenüberwachungssysteme: Diese Systeme nutzen fortschrittliche Sensoren und Technologien zur Überwachung des Pflanzenwachstums, der Bodenqualität und anderer agronomischer Parameter. Sie können zum Beispiel die Pflanzenhöhe, die Pflanzendecke, das Blattchlorophyll und andere Merkmale messen, um die Gesundheit der Pflanzen und die photosynthetische Effizienz zu beurteilen.

Energiemonitoring: Diese Systeme messen die Energieproduktion von Sonnenkollektoren und überwachen die Effizienz der Energieumwandlungs- und -umformungssysteme. Auf diese Weise kann die Leistung der Systeme bewertet und etwaige Probleme oder Ausfälle erkannt werden.

Der kombinierte Einsatz dieser Überwachungstechnologien bietet einen umfassenden Überblick über die Wechselwirkungen zwischen Solarenergie, landwirtschaftlichen Nutzpflanzen und der Umgebung. Dies ermöglicht Landwirten und Betreibern von Agrivoltaik-Systemen eine individuelle Anpassung und damit eine Verbesserung der Bewirtschaftung der Kulturen, der Bewässerung, des Energiemanagements und der allgemeinen Systemoptimierung.

Wie bereits erwähnt, ist die Agrivoltaik angesichts der Komplexität und der Anzahl der beteiligten Faktoren **keine exakte Wissenschaft** und kann es auch jetzt noch nicht sein. Es sind die persönlichen und lokalen Erfahrungen, die auf lange Sicht den Unterschied ausmachen. Selbst mit einer soliden Grundlage sowohl in der Photovoltaik als auch in der Landwirtschaft bleibt die Tatsache bestehen, dass jeder Standort auf diesem Planeten anders ist.

KAPITEL 8 - Wirtschaftlicher Nutzen der Agrivoltaik

Senkung der Energiekosten in der Landwirtschaft

Die Senkung der Energiekosten in der Landwirtschaft ist ein wichtiges Ziel, um die Effizienz und Nachhaltigkeit aller landwirtschaftlichen Betriebe zu verbessern. Um dieses Ziel zu erreichen, können verschiedene Strategien angewandt werden.

Erstens, die offensichtliche Nutzung erneuerbarer Energien. Die Installation von Sonnenkollektoren und der Einsatz von Windturbinen bieten eine saubere, kostengünstige Energiequelle für alle landwirtschaftlichen Betriebe. Darüber hinaus spielen Maßnahmen zur Verbesserung der Energieeffizienz eine entscheidende Rolle bei der Kostensenkung. Dazu kann der Einsatz fortschrittlicher Technologien wie hocheffiziente Elektromotoren, energieeffiziente **LED-Beleuchtung** und Wärmedämmung in landwirtschaftlichen Einrichtungen gehören. Diese Maßnahmen tragen dazu bei, den Energieverbrauch zu optimieren und die Verschwendung zu verringern. Ein weiterer wichtiger Aspekt ist die Optimierung der Bewässerungssysteme. Die Bewässerung ist eine der landwirtschaftlichen Tätigkeiten, die einen erheblichen Energieaufwand erfordern. Der Einsatz effizienter Bewässerungssysteme, wie Tropfbewässerung oder Präzisionsbewässerung, reduziert den damit verbundenen Energieverbrauch und verbessert die Effizienz der Wassernutzung.

Der Einsatz fortschrittlicher Technologien, wie z. B. **intelligenter Sensoren und Automatisierungssysteme**, bietet weitere Möglichkeiten zur Optimierung des

Energieverbrauchs in der Landwirtschaft. Mit diesen Technologien lassen sich Bewässerung, Beleuchtung und andere Aktivitäten genau überwachen und regulieren, wodurch die Verschwendung verringert wird.

Schließlich kann auch die **Zusammenarbeit zwischen landwirtschaftlichen Betrieben** zur Senkung der Energiekosten beitragen. Kooperative Netzwerke ermöglichen den Austausch von Energie zwischen landwirtschaftlichen Betrieben, so dass Energieressourcen gemeinsam genutzt werden können und die Gesamtkosten gesenkt werden können. Kooperieren und teilen ist immer besser. Ich empfehle Ihnen auch, sich über "**Energiegemeinschaften**" zu informieren.

Eine Senkung der Energiekosten wie üblich führt nicht nur zu wirtschaftlichen Einsparungen für die Landwirte, sondern ist auch ein wichtiger Beitrag zur ökologischen Nachhaltigkeit.

Möglichkeiten für zusätzliches Einkommen durch Energieerzeugung

Die Energieerzeugung bietet Landwirten und Züchtern die Möglichkeit, zusätzliches Einkommen zu erzielen. Es gibt mehrere Möglichkeiten, wie diese Chance genutzt werden kann:

Verkauf von Energie: Landwirte können Systeme zur Erzeugung erneuerbarer Energien, wie z. B. Sonnenkollektoren oder Windturbinen, installieren und die erzeugte Energie an das Netz verkaufen. Diese Praxis ist inzwischen in ganz Europa weit verbreitet und ermöglicht es ihnen, auf der Grundlage von Kaufverträgen und staatlichen Anreizen Geld mit der von ihnen erzeugten Energie zu verdienen.

Eigenverbrauch von Energie: Die Landwirte können die erzeugte Energie zur Deckung ihres eigenen Energiebedarfs im Rahmen ihrer landwirtschaftlichen Tätigkeit nutzen. Dadurch können sie die Menge des zugekauften Stroms reduzieren und nicht nur langfristig erhebliche Einsparungen erzielen.

Diversifizierung der Tätigkeiten: Die Installation von Anlagen zur Erzeugung erneuerbarer Energie stellt auch eine Form der Diversifizierung der landwirtschaftlichen Tätigkeiten dar. Sowohl Landwirte als auch Viehzüchter können die Energieerzeugung mit traditionellen landwirtschaftlichen Tätigkeiten kombinieren, was neue Einkommensmöglichkeiten schafft und die Abhängigkeit von einer einzigen Einkommensquelle verringert.

Förderungen und Subventionen: In vielen Ländern gibt es staatliche Programme und Anreize zur Förderung der Erzeugung von Energie aus erneuerbaren Quellen. Jeder kann von solchen Programmen profitieren, die Subventionen, niedrige Tarife, Steuervergünstigungen und sogar nicht rückzahlbare Finanzierungen für die Installation und den Betrieb von Energieerzeugungsanlagen anbieten.

Die Integration der Energieerzeugung in die landwirtschaftliche Tätigkeit bietet also in jeder Hinsicht neue wirtschaftliche Möglichkeiten.

Wirtschaftliche Bewertung von Agrivoltaik

Die Agrivoltaik bietet durch die Kombination von Landwirtschaft und Solarenergieerzeugung eine Reihe interessanter wirtschaftlicher Möglichkeiten. Die wirtschaftliche Bewertung eines solchen Systems ist entscheidend, um zu verstehen, ob es eine finanziell vorteilhafte Option ist. Zunächst müssen die **anfänglichen Investitionskosten** berücksichtigt werden. Die Einrichtung eines landwirtschaftlichen Photovoltaiksystems erfordert natürlich den Kauf und die Installation von Strukturen, die Einrichtung eines geeigneten Bewässerungssystems und andere Infrastrukturanforderungen. Die Kosten variieren je nach Größe des Systems, der verwendeten Technologie und der Beschaffenheit des Geländes. Denken Sie daran, dass es manchmal besser ist, klein anzufangen, ohne große Summen zu investieren. So können Sie üben und beginnen, die typischen Merkmale des Gebiets und ihren Einfluss auf das Gesamtsystem zu entdecken, das dann erweitert werden kann.

Nach der Einrichtung der Anlage, ob groß oder klein, wird die Solarenergie schließlich in Strom umgewandelt, der auf dem Hof zur Deckung des Eigenbedarfs genutzt werden kann. Alternativ besteht die Möglichkeit, den Strom an das nationale Stromnetz zu verkaufen und so ein Einkommen durch Zahlungen des Betreibers zu erzielen.

Ein weiterer Aspekt, den es zu berücksichtigen gilt, ist die mögliche **Diversifizierung und Ausweitung der landwirtschaftlichen Tätigkeiten.** Die Agrivoltaik ermöglicht es den Landwirten, die Energieerzeugung mit neuen traditionellen landwirtschaftlichen Tätigkeiten zu kombinieren und so neue Einkommensquellen zu erschließen. So können sie beispielsweise Pflanzen anbauen, die sich für die Beschattung durch Solarpaneele eignen und die bisher nicht angebaut werden konnten. Da die Paneele das Mikroklima ohnehin verändern, liegt es auf der Hand, dass dies weitere Möglichkeiten eröffnet.

Bei der wirtschaftlichen Bewertung der Agrivoltaik müssen jedoch auch mögliche Risiken und Unwägbarkeiten berücksichtigt werden. Schwankungen bei den Energiepreisen, Änderungen der klimatischen Bedingungen und regulatorische Änderungen können die Rentabilität des Projekts beeinträchtigen. Es ist wichtig, eine Analyse durchzuführen, die alle langfristigen Kosten und Vorteile berücksichtigt, um zu beurteilen, ob die Agrivoltaik eine rentable wirtschaftliche Chance darstellt.

Förderungen

Bei der Agrivoltaik handelt es sich um eine Technologie, die recht teure Anlagen erfordert, die bis zu 30-40 % mehr kosten als eine herkömmliche Freiflächen-Photovoltaikanlage. Diese Kosten stellen eine erhebliche Belastung dar, die Landwirte oft nicht allein tragen können. Um die Entwicklung dieser Technologie zu ermöglichen, ist der Einsatz wirtschaftlicher Anreize von entscheidender Bedeutung. Bislang wurde die Verbreitung von Agrivoltaik-Anlagen durch die fehlende Einbeziehung in das Anreizsystem behindert.

Auf europäischer Ebene gibt es jedoch verschiedene Formen von Anreizen, sofern die folgenden drei Bedingungen gleichzeitig erfüllt sind:

1. Einsatz von innovativen Lösungen.

2. Höhe der Module über dem Boden, um landwirtschaftliche und pastorale Aktivitäten nicht zu beeinträchtigen.

3. Vorhandensein von Überwachungssystemen zur Überprüfung der Umweltauswirkungen.

Bitte beachten Sie die Online-Artikel:

https://www.bmel.de/DE/themen/landwirtschaft/klimaschutz/Agri-PV.html

KAPITEL 9 - Fallstudien und Erfolge in der Agrivoltaik

Hier sind einige Beispiele für erfolgreiche Agrivoltaik-Projekte, die in verschiedenen Teilen der Welt durchgeführt wurden:

"APV-RESOLA" in Bayern:

Das Projekt APV-RESOLA ist eine von der bayerischen Staatsregierung geförderte Forschungsinitiative zur Entwicklung und Optimierung von Systemen der Agrivoltaik für verschiedene Kulturen und klimatische Bedingungen. An dem Projekt ist ein Konsortium von Partnern beteiligt, darunter die Technische Universität München (TUM), die Hochschule Weihenstephan-Triesdorf (HSWT) und der Gutshof Erberich. Die ersten Ergebnisse des APV-RESOLA-Projekts haben gezeigt, dass die Agrivoltaik erfolgreich in verschiedene Kulturen, darunter Mais, Kartoffeln und Obstgärten, integriert werden kann.

"Agrivoltaik-Frickenhausen" in Baden-Württemberg:

Das Projekt agrivoltaic-Frickenhausen ist eine 1,4 MWp-Agrar-Voltaik-Anlage, die auf einer landwirtschaftlichen Fläche in Frickenhausen, Baden-Württemberg, installiert wurde. Die Anlage besteht aus Solarmodulen, die auf 4 Meter hohen Masten montiert sind, durch die Traktoren und andere landwirtschaftliche Maschinen hindurchfahren können. Die Agrivoltaik-Anlage in Frickenhausen erzeugt Strom für etwa 400 Haushalte und trägt zur Reduzierung der CO_2-Emissionen bei.

"SolarCrop" in Japan: Bei diesem Projekt wurden Solarpaneele über Reisanbaufeldern aufgehängt. Die

Beschattung durch die Sonnenkollektoren trug dazu bei, den Hitzestress der Reispflanzen zu verringern und die Ernteerträge zu verbessern. Das Projekt hat gezeigt, dass die Agrivoltaik die Nahrungsmittelproduktion und erneuerbare Energien auf einer begrenzten Fläche unterstützen kann.

"**Ciel et Terre**" in Frankreich: Bei diesem Projekt wurden schwimmende Sonnenkollektoren auf Stauseen zur Erzeugung von Solarenergie eingesetzt. Die schwimmenden Solarmodule wurden auf einem künstlichen See aufgestellt und lieferten Strom für das örtliche Stromnetz. Durch die Nutzung der Stauseen für die Installation der Solarpaneele wurde die Effizienz des Bodens maximiert und die Wasserressourcen geschont.

"**Food and Energy Training and Education**" (FEED) in den USA: Bei diesem Projekt wurde ein Agrivoltaik-Modell entwickelt, das Nahrungsmittelproduktion und erneuerbare Energien kombiniert. Solarmodule wurden auf erhöhten Strukturen installiert, um Schatten zu erzeugen und eine günstige Umgebung für den Anbau von Gemüse mit hohem Nährwert zu schaffen. Das Projekt zeigte, dass die Agrivoltaik zu einer nachhaltigen Lebensmittelproduktion und sauberen Energieerzeugung beitragen kann.

"**AgriPV**" in den Niederlanden: Dieses Projekt kombinierte Landwirtschaft und Solarenergie durch die Installation von Solarzellen auf landwirtschaftlichen Gewächshäusern. Die Solarmodule lieferten Energie für die Beleuchtung und Bewässerung der Gewächshäuser und reduzierten so die Energiekosten und die Umweltbelastung. Das Projekt zeigte, dass die Agrivoltaik die Energieeffizienz in der Landwirtschaft verbessern und eine höhere Pflanzenproduktion ermöglichen kann.

"Tarquinia": In Italien. Enel Green Power hat mit dem Bau des größten Agrivoltaik-Solarparks in Italien begonnen, der sich in Tarquinia in der Provinz Viterbo befindet. Die Anlage wird eine Kapazität von rund 170 MW haben und durchschnittlich 280 GWh erneuerbare Energie pro Jahr produzieren. Der Solarpark wird nicht nur einen wichtigen Beitrag zur sauberen Energieerzeugung leisten, sondern auch die Emission von rund 130.000 Tonnen CO_2 pro Jahr vermeiden und den Verbrauch von 26 Millionen Kubikmetern fossilem Gas ersetzen. Zur Maximierung der Energieeffizienz wird eine doppelseitige, auf Solartrackern montierte Fotovoltaikmodultechnologie eingesetzt. Darüber hinaus wird der Solarpark in die landwirtschaftlichen Aktivitäten integriert, indem auf den freien Flächen zwischen den Modulen und in den Pufferstreifen der Freileitungen Futterpflanzen, Borretsch und Olivenbäume angebaut werden. Das Projekt ist ein wichtiger Schritt auf dem Weg zu einer nachhaltigen Energieerzeugung und zur Aufwertung des Bodens.

"Mazara del Vallo" in Sizilien: Engie hat Italiens größten Agrivoltaik-Park in Mazara del Vallo, Sizilien, eingeweiht. Die Anlage erstreckt sich über 115 Hektar und hat eine Kapazität von 66 MW. Sie ist Teil eines PPA-Vertragsmodells (Power Purchase Agreement) zwischen Engie und Amazon. Dies ist der erste Agrivoltaik-Park, der in Italien gebaut wurde, und der erste, der auf dieser Art von Vereinbarung zwischen privaten Unternehmen basiert. Der Bau der Anlage wurde durch ein grünes

Darlehen in Höhe von 100 Millionen Euro ermöglicht, das von Cdp, Societé Générale und BNP Paribas finanziert wurde. Neben der Erzeugung von sauberer Energie soll der Agrar-Voltaik-Park dazu dienen, Felder mit Pflanzen wie Weinreben, Olivenbäumen, Mandelbäumen sowie Aroma- und Heilpflanzen zu bepflanzen.

Darüber hinaus ist in Paternò, in der Provinz Catania, im Rahmen der Vereinbarung zwischen Engie und Amazon ein zweiter 38-MW-Agrar-Photovoltaikpark geplant. Insgesamt werden die beiden Anlagen eine installierte Leistung von 104 MW haben, und die erzeugte Energie wird für den Betrieb von Amazon in Italien verwendet.

Der Agrivoltaik-Park in Mazara del Vallo verwendet modernste Technologie mit doppelseitigen Solarzellen, die auf einachsigen Nachführsystemen montiert sind, die sowohl direktes als auch reflektiertes Licht vom umliegenden Land einfangen und so die Energieproduktion optimieren. Diese Konfiguration ermöglicht es, die für die Photovoltaikanlage benötigte Fläche zu reduzieren und die landwirtschaftliche Effizienz zu maximieren.

Während des Baus der Anlage in Mazara del Vallo waren 150 Personen beschäftigt.

Positive Auswirkungen der Agrivoltaik auf landwirtschaftliche Gemeinden

Schaffung von Arbeitsplätzen vor Ort: Die Entwicklung und Durchführung von Projekten der Agrivoltaik kann neue Arbeitsplätze vor Ort schaffen. Für die Installation von Solarmodulen und den Bau von Stützkonstruktionen werden spezialisierte Fachkräfte wie Installateure, Elektriker und Solartechniker benötigt. Diese Arbeiten können von Mitgliedern der Gemeinde selbst ausgeführt werden, wodurch lokale Beschäftigungsmöglichkeiten geschaffen werden und ein Beitrag zum Wirtschaftswachstum der Region geleistet wird.

Sobald die Agrivoltaik-Anlage in Betrieb ist, sind darüber hinaus laufende Wartungs- und Verwaltungsarbeiten erforderlich. Dazu gehören die Reinigung der Solarzellen, die Wartung der Bewässerungssysteme und die Überwachung der Energieeffizienz. Diese Aufgaben können von einheimischen Arbeitskräften ausgeführt werden, wodurch langfristig stabile Arbeitsplätze in den landwirtschaftlichen Gemeinden geschaffen werden.

Aufwertung von Land: Die Durchführung von Agrivoltaik-Projekten kann zur Aufwertung von landwirtschaftlichen und ländlichen Gebieten beitragen. Die Integration von Solartechnologien in traditionelle landwirtschaftliche Tätigkeiten schafft ein modernes und nachhaltiges Bild der Landwirtschaft und fördert die Attraktivität des Gebiets für Investitionen und Tourismus.

Das visuelle Erscheinungsbild einer Agrivoltaik-Anlage mit in Kulturen oder über Feldern integrierten Solarzellen kann der Agrarlandschaft einen unverwechselbaren

Charakter verleihen. Dies kann das Interesse von Besuchern und Touristen wecken, die innovative und nachhaltige Landwirtschaftsmodelle kennen lernen und erleben möchten.

Darüber hinaus kann die Einführung der Agrivoltaik eine bessere Bewirtschaftung der landwirtschaftlichen Flächen fördern. Die effiziente Nutzung von landwirtschaftlichen Flächen durch die Integration von landwirtschaftlichen Aktivitäten und Solarenergieerzeugung kann zur Ressourcenschonung und zum Umweltschutz beitragen. Dieser nachhaltige Ansatz in der Landwirtschaft kann die Schaffung von agrotouristischen Netzwerken fördern, die den Direktverkauf von landwirtschaftlichen Produkten und die Aufwertung lokaler Traditionen unterstützen.

Die Schaffung von Arbeitsplätzen vor Ort und die Aufwertung des Bodens sind zwei wesentliche Vorteile der Agrivoltaik für landwirtschaftliche Gemeinschaften. Diese Faktoren tragen nicht nur zur lokalen Wirtschaft bei, sondern stärken auch die ländliche Identität, fördern die nachhaltige Entwicklung und die Attraktivität des ländlichen Raums.

Erfahrungen und bewährte Verfahren bei der Einführung der Agrivoltaik

Bei der Umsetzung der Agrivoltaik wurden wichtige Lektionen gelernt, die den Prozess auf eine effektive und nachhaltige Weise leiten können.

Um sie zusammenzufassen:

Eine der wichtigsten Lehren ist die Auswahl geeigneter Pflanzen. Es ist wichtig, Pflanzen auszuwählen, die im Schatten der Solarpaneele gedeihen können, wie z. B. niedrig gelegene Pflanzen oder Sorten, die weniger direktes Sonnenlicht benötigen. Eine sorgfältige Planung und die richtige Konstruktion sind ebenfalls von entscheidender Bedeutung, um die langfristige Zuverlässigkeit und Sicherheit des landwirtschaftlichen Photovoltaiksystems zu gewährleisten, wobei die Bodenbedingungen, die örtlichen Vorschriften und langlebige Materialien berücksichtigt werden müssen.

Es ist wichtig, die **Bewässerung** entsprechend dem Bedarf der Pflanzen zu planen und die Wasserverschwendung durch den Einsatz von Tropfsystemen oder Systemen mit geringem Verbrauch zu verringern. Auch das Sammeln und die Nutzung von Regenwasser kann zur Nachhaltigkeit der Landwirtschaft im Bereich Wasser beitragen.

Regelmäßige **Überwachung und Wartung** des Agrivoltaik-Systems sind unerlässlich, um eine maximale Energie- und Landwirtschaftsleistung zu gewährleisten. Dazu gehören die Überwachung der Effizienz der Solarmodule, die Beurteilung der Bewässerung und die Überprüfung des Zustands der Kulturen. Die regelmäßige **Reinigung** der Solarmodule ist besonders wichtig, um sicherzustellen, dass die Effizienz nicht aufgrund von Schmutz- oder Staubansammlungen erheblich sinkt.

Und schließlich ist die **Einbeziehung von Interessengruppen** für den Erfolg der Agrivoltaik entscheidend. Landwirte, Solarenergieexperten, lokale Behörden und umliegende Gemeinden müssen bereits in einer frühen Phase des Projekts einbezogen werden. Zusammenarbeit und Wissensaustausch fördern ein besseres Verständnis und die Akzeptanz der Agrivoltaik. Außerdem ist es wichtig, Lösungen auf die **spezifischen Bedürfnisse** der Landwirte zuzuschneiden und die Integration der Agrivoltaik in ihre landwirtschaftliche Praxis zu fördern.

KAPITEL 10 - Herausforderungen und die Zukunft der Agrivoltaik

Technische und regulatorische Herausforderungen

Die Einführung der Agrivoltaik ist mit mehreren technischen und rechtlichen Herausforderungen verbunden, die bewältigt werden müssen, um ihren Erfolg zu gewährleisten.

Integration der Infrastruktur: Die Installation von Solarsystemen auf landwirtschaftlichen Flächen erfordert eine angemessene Integration der Infrastruktur. Die Verbindung mit dem bestehenden Stromnetz muss berücksichtigt werden, um einen stabilen und sicheren Energiefluss zu gewährleisten. Darüber hinaus müssen der Entwurf und die Installation von Stützstrukturen für Solarmodule gut geplant werden, um die Auswirkungen auf die landwirtschaftlichen Aktivitäten zu minimieren.

Management der Wasserressourcen: Die effiziente Nutzung von Wasser ist eine zunehmend wichtige Herausforderung in der Agrivoltaik und darüber hinaus. Es muss ein Gleichgewicht zwischen dem Bewässerungsbedarf der landwirtschaftlichen Kulturen und dem Wasserverbrauch der Solarzellen hergestellt werden. Das Wassermanagement muss optimiert werden, um Verschwendung zu vermeiden und eine gleichmäßige Verteilung des Wassers zwischen den Kulturen zu gewährleisten.

Optimierung der Energieeffizienz: Die Energieeffizienz ist ein Schlüsselfaktor für den Erfolg eines jeden Projekts. Durch die Wahl effizienter Photovoltaik-Technologien und die optimale Ausrichtung und Neigung der Solarmodule muss die Solarenergieerzeugung maximiert werden. Gleichzeitig ist es wichtig, die Energieverluste bei der Übertragung und Umwandlung zu verringern.

Regulierung und Vorschriften: Die Einführung der Agrivoltaik erfordert die Einhaltung einer Reihe von Vorschriften und Normen, die manchmal unklar sind oder fehlen. Diese können sich auf die Installation und den Netzanschluss, Sicherheitsfragen und Umweltvorschriften beziehen. Es wäre wichtig, dass die rechtlichen Aspekte klar und deutlich definiert sind, um die Einführung der Agrivoltaik zu erleichtern und die Einhaltung der geltenden Gesetze zu gewährleisten. Leider liegt es nicht in unserer Hand...

Bewusstsein und Akzeptanz: Die Agrivoltaik ist eine relativ neue Praxis, die ein größeres Bewusstsein und eine größere Akzeptanz bei den Beteiligten erfordert. Landwirte, lokale Gemeinschaften und Behörden müssen über das Potenzial und die Vorteile der Agrivoltaik informiert werden. Dies kann Sensibilisierungsmaßnahmen, Schulungen und die aktive Einbeziehung von Interessengruppen beinhalten, um mögliche Widerstände zu überwinden und die Annahme dieser nachhaltigen Praxis zu fördern.

Die Bewältigung dieser Herausforderungen erfordert eine effektive Zusammenarbeit zwischen Landwirten, Solarenergieexperten, Behörden und lokalen Gemeinschaften. Ein integrierter Ansatz, der sowohl technische als auch regulatorische Aspekte berücksichtigt, ist erforderlich, um einen erfolgreichen Übergang zur Agrivoltaik als nachhaltige Praxis in der

Landwirtschaft der nahen Zukunft zu gewährleisten.

Innovationen und zukünftige Entwicklungen in der Agrivoltaik

Die Agrivoltaik ist, wie bereits erwähnt, ein sich ständig weiterentwickelnder Bereich, der viele Möglichkeiten für zukünftige Innovationen und Entwicklungen bietet. Es gibt mehrere Bereiche, in denen bedeutende Fortschritte zu erwarten sind:

Einer der wichtigsten Innovationsbereiche betrifft die Fotovoltaiktechnologien. Die Entwickler arbeiten an der Verbesserung der Effizienz und Haltbarkeit von Solarmodulen, um die Solarenergie noch erschwinglicher und effizienter zu machen. Die Einführung neuer Materialien und Designs könnte die Solarenergieproduktion erhöhen und die Installationskosten senken.

Darüber hinaus werden intelligente Energiemanagementsysteme entwickelt, um die Nutzung der von Solarmodulen erzeugten Energie zu optimieren. Diese Systeme ermöglichen die Überwachung und Regulierung von Energieerzeugung und -verbrauch in Echtzeit und damit eine effizientere Verwaltung des Stromnetzes.

Gleichzeitig werden neue landwirtschaftliche Technologien erforscht, die in die Agrivoltaik integriert werden können. Der Einsatz von Sensoren und Pflanzenüberwachungssystemen kann detaillierte Informationen über den Bedarf der Pflanzen liefern und ein präziseres Management von Bewässerung und

Nährstoffen ermöglichen.

Der Einsatz von Techniken der Präzisionslandwirtschaft, wie z. B. der Einsatz von Drohnen zur Kartierung von Pflanzen, kann den Landwirten ebenfalls helfen, die Produktion zu optimieren und die Umweltbelastung zu verringern.

Auch die Geschäftsmodelle im Zusammenhang mit der Agrivoltaik entwickeln sich weiter, mit neuen Möglichkeiten für zusätzliches Einkommen für Landwirte durch den Verkauf von Energie und die Zusammenarbeit zwischen landwirtschaftlichen Betrieben und Solarenergieanbietern.

Schließlich sind Forschung und Entwicklung für die Agrivoltaik weiterhin von entscheidender Bedeutung. Studien über die langfristige Energie- und Landwirtschaftsleistung, die Auswirkung von Beschattung auf Pflanzen und Energieflussanalysen tragen dazu bei, Innovationen voranzutreiben und das Verständnis für die Auswirkungen und Vorteile der Agrivoltaik zu verbessern.

Mögliche globale Auswirkungen der Agrivoltaik auf die Nachhaltigkeit

Die Agrivoltaik hat das Potenzial, weltweit einen erheblichen Einfluss auf die Nachhaltigkeit zu haben. Dieser integrierte Ansatz, bei dem die Erzeugung von Solarenergie mit landwirtschaftlichen Tätigkeiten kombiniert wird, bietet mehrere Vorteile in Bezug auf die Erzeugung sauberer Energie, die Verringerung der Kohlenstoffemissionen, die Stärkung der Widerstandsfähigkeit der landwirtschaftlichen

Gemeinschaften, die Erhaltung der natürlichen Ressourcen und die Förderung der Ernährungssicherheit.

Die gemeinsame Nutzung von Land für den Anbau von Nahrungsmitteln und die Erzeugung erneuerbarer Energie verringert den Druck auf das Land und schont die natürlichen Ressourcen, was zur Erhaltung der lokalen Ökosysteme beiträgt. Darüber hinaus bietet die Agrivoltaik zusätzliche Einkommensmöglichkeiten für Landwirte und fördert die lokale Lebensmittelproduktion, wodurch die Abhängigkeit von Importen verringert und die langfristige Nachhaltigkeit gefördert wird. Die flächendeckende Einführung der Agrivoltaik kann somit einen wichtigen Beitrag zur globalen Nachhaltigkeit in den Bereichen Umwelt, Energie und Ernährung leisten.

KAPITEL 11 - Schlussbemerkungen

Aufruf zum Handeln für die Einführung der Agrivoltaik

Die Agrivoltaik stellt eine vielversprechende Lösung für die globalen Herausforderungen in den Bereichen Energie und Landwirtschaft dar. Um die Vorteile dieser Praxis zu maximieren, ist es entscheidend, die breite Einführung der Agrivoltaik zu fördern und zu unterstützen. Hier sind einige Maßnahmen, die ergriffen werden können:

Sensibilisierung und Information: Aufklärung der Öffentlichkeit, der Landwirte, der Behörden und Organisationen über das Wesen und die Vorteile der Agrivoltaik. Die Vermittlung der ökologischen, energetischen und wirtschaftlichen Vorteile kann ein größeres Verständnis und Interesse an dieser Praxis fördern.

Finanzielle Unterstützung und Förderung: Landwirte und Investoren können durch subventionierte Finanzierungsprogramme, Zuschüsse oder steuerliche Anreize zur Einführung der Agrivoltaik ermutigt werden. Diese Instrumente können die Anfangskosten senken und die Agrivoltaik zugänglicher und kosteneffektiver machen.

Zusammenarbeit zwischen den Sektoren: Es ist wichtig, die Zusammenarbeit zwischen dem Agrar- und dem Energiesektor zu fördern. Landwirte, Solarenergieproduzenten, Energiedienstleister und staatliche Stellen können zusammenarbeiten, um Möglichkeiten für die Umsetzung der Agrivoltaik zu ermitteln, Wissen und Ressourcen zu teilen und nachhaltige Geschäftsmodelle zu entwickeln.

Entwicklung geeigneter Politiken und Vorschriften: Die Regierungen sollten eine Schlüsselrolle bei der Einführung der Agrivoltaik spielen, indem sie Strategien und Vorschriften entwickeln, die die Integration von landwirtschaftlichen und solarenergetischen Aktivitäten erleichtern. Dies kann die Vereinfachung von Genehmigungsverfahren, die Anpassung von Energietarifen als Anreiz für die Erzeugung erneuerbarer Energie und die Förderung von Nachhaltigkeitsstandards umfassen.

Forschung und Entwicklung: Investitionen in Forschung und Entwicklung sind der Schlüssel zur Verbesserung von Technologien und Verfahren der Agrivoltaik. Die Forschung kann dazu beitragen, die Solarenergieerzeugung zu optimieren, die am besten geeigneten Pflanzen zu ermitteln und effiziente Bewirtschaftungsmodelle zu entwickeln. Außerdem kann der Austausch von bewährten Verfahren und Forschungsergebnissen das kollektive Lernen fördern und die Einführung der Agrivoltaik beschleunigen.

Die Einführung der Agrivoltaik erfordert ein gemeinsames Engagement von Landwirten, Unternehmen, Regierungen und der Zivilgesellschaft. Es muss jetzt gehandelt werden, um das volle Potenzial der Agrivoltaik auszuschöpfen und eine nachhaltige Zukunft zu fördern, in der saubere Energie und Nahrungsmittelproduktion harmonisch nebeneinander bestehen können und zur Erhaltung der natürlichen Ressourcen und zur Eindämmung des Klimawandels beitragen.

Abonnieren Sie den Newsletter, um über Neuerscheinungen informiert zu werden

gs-publisher.eu

Umwelt, Satire und Bildung.